构树栽培及饲用技术

◎ 沈世华　邓华平　编著

U0349233

中国农业科学技术出版社

图书在版编目（CIP）数据

构树栽培及饲用技术／沈世华，邓华平编著 . —北京：中国农业科学技术
出版社，2016.1

ISBN 978 - 7 - 5116 - 2337 - 9

Ⅰ.①构⋯　Ⅱ.①沈⋯②邓⋯　Ⅲ.①纤维作物 – 栽培技术　Ⅳ.①S564

中国版本图书馆 CIP 数据核字（2015）第 252762 号

责任编辑	张孝安
责任校对	马广洋

出 版 者	中国农业科学技术出版社	
	北京市中关村南大街 12 号　邮编 : 100081	
电　　话	(010)82109708(编辑室)　　(010)82109702(发行部)	
	(010)82109709(读者服务部)	
传　　真	(010)82106650	
网　　址	http://www.castp.cn	
经 销 者	各地新华书店	
印 刷 者	北京富泰印刷有限责任公司	
开　　本	710mm ×1000mm　1/16	
印　　张	10.75　彩插 16 面	
字　　数	200 千字	
版　　次	2016 年 1 月第 1 版　2017 年 2 月第 2 次印刷	
定　　价	30.00 元	

作者简介

沈世华，博士、研究员、博士生导师。1983 年获西南农业大学（现西南大学）农学学士，1989 年、1994 年分别获得中国科学院植物研究所理学硕士、博士学位。1983—1986 年在甘肃省农业厅工作，1989 年至今在中国科学院植物研究所工作。1996—1998 年在日本筑波大学基因研究中心做博士后，1999—2001 年在日本国立农业生物科学研究所做访问学者。现任中国生物化学与分子生物学会蛋白质组学专业委员会委员、中国微生物学会农业微生物学专业委员会委员、中国草学会草业生物技术专业委员会理事、中国自然资源学会自然资源信息系统专业委员会委员、中国科学院热带植物资源可持续利用重点实验室学术委员会委员、中国科学院植物研究所技术委员会委员。

自 2002 年回国以来，先后主持科技部"973"、"863"和转基因重大专项以及农业部"948"项目，获得国家自然科学基金重点和面上基金支持，参加中国科学院知识创新重要方向性项目、国家发改委产业化项目、北京市科委惠民工程和四川省科技支撑项目等 20 多项。主要从事植物分子生物学和蛋白质组学研究，探索植物环境信号应答的分子机理和伤害修复途径，寻找网络调控响应过程中的重要关键基因，并通过现代先进生物学技术进行分子改良，提高植物抗逆性和防御能力，为生态修复、环境治理、绿色高效农业提供理论依据和技术保障。主要研究方向：①植物逆境蛋白质组学研究；②重要关键抗逆基因克隆及其功能研究；③资源植物生物技术研发与示范推广。10 余年来，注册基因 30 多个，培养研究生 30 多名，在国内外发表学术论文 80 多篇，其中，SCI 论文 60 余篇。在资源植物种质创制与产业化技术研究方面进展获得一些重要突破，培育杂交构树新品种 2 个，建立经济植物组培快繁体系数十种，申报国家专利 11 项，获大连市科技进步三等奖 1 项。

作者简介

　　邓华平，研究生学历，中国林业科学研究院林业研究所森林培育专家。曾任或现任中国林学会化学除草研究会副理事长兼秘书长、中国西部开发促进会农林牧和环境保护委员会专家组组长、中国国际工程咨询公司专家库成员、2 家上市公司的林业技术顾问。主持和参加林业科研项目多项，其中包括主持国家科技支撑课题 1 项、国家科技支撑专题 2 项，参加中央级公益科研院所基本科研业务费资金项目 2 项。主要工作和研究方向：①林木容器育苗技术；②林业资源发掘、利用与开发；③低成本高功效的林业产业链模式的研究与落地。

　　在国内外重要科研期刊发表论文，包括（SCI 论文）26 篇；出版论著 5 部；获得国家发明和实用新型专利 7 项；获省部级三等奖 1 项。

构树为雌雄异株　　　　　构树为乔木或灌木　　　　成片或散生分布

构树种子　　　　　　　　　　构树雄花

构树雌花　　　　　　　　　　构树果实

林下其他植物难于生长，
而构树仍能顽强生长

萌芽力强，耐刈割

根系极其发达，一般植物难以企及

适应性强，对土壤要求不严格

杂交构树 101 叶片

杂交构树 101 雌花

杂交构树 201 叶片

杂交构树 201 雌花

金洋构树

杂交构树 101 生长 3 个月的植株

杂交构树 201 二年生植株

无纺布控根容器制作

容器具有可降解、透根透水透气特性

容器运输

主要育苗基质原料

容器摆放（一）

容器摆放（二）

棚套棚嫩枝扦插

棚内沙盘扦插

扦插生根管理

露地容器扦插

完成育苗过程

容器苗分拣

容器苗炼苗待运

容器苗装车运输

继代培养

生根培养

瓶外移植

组培苗培养（一）

组培苗培养（二）

组培苗培养（三）

翻垦土地　　　　　　　　　　机械覆膜

容器苗定植（一）　　　　　　容器苗定植（二）

构树刈割后生长初期　　　　　构树刈割后生长后期

机械刈割

枝条（干料）粉碎

枝条（鲜料）粉碎

制粒机械

粉碎包膜一体机

粉碎烘干一体机

青贮打包

颗粒饲料

发酵构树生猪饲料

柱状饲料

构树草粉加工过程

全价饲料制作

构树对生猪的适口性

构树对牛的适口性

构树对羊的适口性

构树对鸡的适口性

构树对鸭的适口性

构树栽培及饲用技术

参编人员

胡　杰	中国科学院植物研究所
彭献军	中国科学院植物研究所
邱　植	中国科学院植物研究所
唐　凤	中国科学院植物研究所
赵美玲	中国科学院植物研究所
朱延林	河南省林业厅造林处
向德科	四川京川饲料中心
张红岗	山西省农业科学院畜牧兽医研究所

前　言

PREFACE

随着我国经济快速增长和人民生活水平提高，对动物蛋白的刚性需求与日俱增，供需矛盾日益突出。畜牧业是现代农业的重要组成部分，是肉蛋奶食品的来源。我国是世界第一大的饲料生产国和消费国，饲料原料缺口巨大。每年进口植物蛋白饲料原料和肉类畜产品达几百亿美元，呈现出逐年高位增加趋势，严重影响到我国的食品供给和食品安全。蛋白质饲料原料已成为畜牧业发展的瓶颈，大力发展粗蛋白的木本饲料资源植物、"以树代粮"成为缓解饲料原料危机和确保食品安全的新途径。

构树属于桑科构属多年生植物，为阔叶落叶乔木或小乔木，除新疆维吾尔自治区、内蒙古自治区和黑龙江省等地没有分布外，我国长江、珠江、黄河流域等大部分地区都有自然生长，为我国乡土树种。构树抗干旱、耐瘠薄，多为野生栽培，主要散生于山坡、丘陵、河滩、路旁、房前屋后，另外，沟边、林中及城市郊区也多有成片分布，作为环境修复的先锋树种，在改善生态环境方面具有很广阔的应用前景。自 20 世纪 80 年代以来，在三北地区干旱少雨、沙尘暴等灾害的恶劣自然生态环境条件下，构树生长势头强劲，到处可见到自然群落的构树。构树生长迅速，萌芽力强，侧根发达，可盘结土壤、保持水土、防风固沙，是迅速绿化荒山、荒坡、荒滩和盐碱地理想的优良树种之一。构树叶表面粗糙，有较强的吸附粉尘的能力；叶上下表皮都含有毛状晶体细胞，且钟乳体中含硫酸钙等，能有效的消除大气中的有害物质净化空气，适用于园林、工厂绿化，也是高速公路道旁树的首选树种，在治污防霾、环境治理等方面具有十分重要的作用。

构树资源的应用在很久以前便融入进了人类社会。早在 2 000 多年前就开始利用构树皮来造纸，我国古代"四大发明"之一的蔡伦造纸术所用的原料就是构树皮，为人类文化的传播和世界文明的进步作出了杰出的贡献。

构树皮纤维洁白，细长而柔软，吸湿性强，与亚麻比较接近，而细度堪比棉花，在纤维特性和含量方面都表现出很好的品质，比三倍体速生杨、普通毛白杨、黑杨等原材料明显优越，是纺织和造纸的优良原料，可做高档纸浆，生产几十种特种用纸。

构树生长快，生物质产量高，在同等条件下，早期的生长比刺槐、杨树快，而且构树树叶含有丰富的蛋白质、碳水化合物、脂肪、维生素，其粗蛋白含量达到24%，是玉米的三倍，小麦的两倍；粗脂肪含量6%，仅次于大豆；并含有18种动物不可缺少的氨基酸及矿物质元素，有较好的喂食效果和经济效益，在我国南方各地都有做饲料养殖的传统。早在1957年就有人用构树叶、米糠及南瓜喂猪，猪喜吃，吃后不贪睡、肯长。大量研究证实，用构树叶替代部分常规饲料喂猪对生长性能无影响，饲料消化率达80%以上，并能提高肉猪抗病力，同时可改善猪肉品质和风味，降低饲养成本，提高养猪生产的经济效益，缓解对粮食的需求，减轻我国耕地压力。

构树的种子可以作为制造润滑油、肥皂和油漆等的原料，构树的皮、枝、叶、种子和白色的乳汁均可入药。目前，已从构树中分离出黄酮类、萜类、挥发性油、脂肪酸、氨基酸等化合物，具有多种药理作用。构树叶可用于治疗吐血、外伤出血、水肿、癣疮等；还能抑制钙拮抗，降低人表皮细胞的活性损伤和氧化损伤。构树果实具有补肾，清肝明目、利尿等功效，并对亚硝酸钠中毒有明显的改善作用，对老年痴呆也有一定的延缓作用。在根中也已分离出多种活性物质，对多种疾病具有治疗效果。

综上所述，构树是一种投资少、周期短、受益大的特种经济林木，构树适应性、抗逆性强，广泛的种植构树，可以绿化荒山，治理水土流失，加固堤防，改善生态环境；并且构树用途广泛，能显著提高当地种植户的经济效益。

中国科学院植物研究所科技人员在构树基因资源收集评价和新种质创新基础上，通过杂交育种结合现代生物技术等培育出富含粗蛋白的杂交构树，该树种具有速生、丰产、多抗、耐砍伐等特点，在饲料、造纸、生态绿化等方面有着重要经济和生态用途，并在全国20多个省区进行试验示范，可在我国几亿亩的边际土地、干旱、盐碱、滩涂、矿山和三荒地等种植发展畜牧业，既能获得粗蛋白木本饲料解决农牧争地的矛盾，帮助农户脱贫致富，还可改善贫困地区的生态环境，是一项实现经济—生态—社会三个效益统一的利国利民工程。以此，被国家列入2015年我国的十项精准扶贫工程之一。该工程由国务院扶贫办牵头，协调各产业部门，采用中国科学院植物研究所研发的杂交构树品种以及产业化技术，重点在全国贫困地区推行杂交构树资源综合利用"林—料—畜"一体化畜牧产业扶贫。

　　为了加快战略资源植物构树研究和开发及其应用，我们组织国内相关专家和研究人员，根据各自的研究课题和生产实践，从构树价值、利用现状和发展前景、构树生物学特性、种苗繁育技术、丰产栽培技术、采收加工、牲畜养殖等方面进行了编写并集结成册。由于构树产业是一个新兴产业，一些成果和结论有待进一步补充和完善，加之时间仓促，书中不足之处，敬请读者批评指正。

　　希望本书的出版会对致力于构树产业发展的朋友们有所帮助，大家齐心协力开创构树产业发展的新局面，共同努力打造构树产业的新天地，实现造福于民，造福于社会的美好愿景。

作　者
2015 年 8 月

目　　录
CONTENTS

第一章

概　述

第一节　构树——一种多用途资源植物

构树俗称褚桃树、大构、大谷皮绳、当当树、地沙皮、柠木、哥沙、葛树、谷浆树、谷桑、合浆树、壳树、毛构树、老鸦皮、鸟子麻、野毛桑、野杨梅等，广泛分布于我国大部分地区，从热带海南到北温带辽宁、从东部海滨到西藏海拔 3 000m 的高山都有自然生长，为我国广布的乡土树种。构树适应性强，喜光、耐旱、耐瘠薄，抗二氧化硫、氯气、氟化氢、硫化氢和烟尘等污染物。自然条件下常见于沟谷、村旁、缓坡和丘陵以及山涧石缝中生长，呈片状或团状分布，是典型的先锋植物。

构树可以说全身都是宝，其叶粗蛋白含量丰富可以作为饲料使用；其皮含有丰富优质的长纤维素是制作高档纸张的材料；其果汁含有稳定性良好的红色素在食品工程中具有很大潜力；其根、乳汁具有药用价值可做中药。利用构树资源可开发鲜果、果汁、果酱、中药、饲料配料、造纸用木浆等多种用途的产品，可以营造涉及苗木培育、速生丰产林建设、低产林改造、纸浆生产等整个林浆纸一体化的产业链。同时构树具有抗逆性强、可密集种植、耐砍伐等特点，适合农村产业化结构调整，提高农村经济收入，并可以形成产业链，解决社会就业压力。如作为退耕还林的树种，价值超过杨树。在立地条件较好的地方造林，采用高密度栽植（株行距 1m）、超短轮伐作业（1年1伐），每亩第一年仅需投资 2 000多元，若种植 100 万亩*构树林，每年至少采叶 80 万 t，产饲料 300 万 t、鲜果 8 亿 kg，修枝条 100 万 t，年产值可达 33. 4 亿元。

---

* 1 亩≈667m²，15 亩 = 1hm²，全书同

一、构树的营养价值

构树叶含有丰富的营养物质，干叶中（含水量为 6.8% 时）粗蛋白占 23.21%，粗纤维占 15.6%，粗脂肪占 5.31%，淀粉占 1.17%，糖占 0.65%，灰分占 15.88%。矿质营养中，钙为 4.62%，磷为 1.05%，铁为 0.08%。此外，还含有 18 种以上的氨基酸，总氨基酸含量可达 12.44%。其中，以天冬氨酸、谷氨酸、精氨酸、缬氨酸、脯氨酸、赖氨酸等为主，其中 7 种为动物生长发育所必需的氨基酸。构树的营养物质随生长时期而异，以 7 月中旬叶片的含量最高。8~9 月中旬采集的构树叶片中，粗蛋白的含量随时间逐渐减少，但在落叶前仍在 20% 以上。粗纤维、钙和磷的含量则随着月份的增加呈现增加的趋势。构树不同部位的叶片的营养物质含量略有差异，构树枝条上端叶片所含蛋白质高于下部叶片，粗纤维、钙和磷的含量正好相反。这一现象可能是由于叶片老嫩不同导致的。与其他饲用植物树叶相比，构树叶的干物质较榆树叶和柳树叶分别高 3.8%、3.7%，粗蛋白分别高 5.2%、7.7%，粗纤维和柳树叶相同，比榆树叶高 2.5%，粗脂肪比榆树叶和柳树叶分别高 2.61% 和 2.51%，而矿物质钙含量分别为榆树叶和柳树叶的 2.30 倍和 2.38 倍。中国科学院植物研究所经过现代生物学育种技术培育的杂交构树，其叶片与苜蓿相比粗蛋白含量高 60%，是小麦的 2 倍，是大米、玉米的 3 倍；粗脂肪与钙的含量也较高，同时半纤维素、纤维素和木质素含量相对较低；与豆粕相比，粗蛋白含量甚至达到了豆粕的 60%；半纤维素、纤维素和木质素含量稍高；粗脂肪、钙含量远远高于豆粕，仅从这些营养成分看，杂交构树叶有可能替代一部分豆粕。这表明杂交构树叶含有更多的营养成分，是一种能够提供更高蛋白质、更多能量的饲料资源。

除了构树叶片外，构树的花序和聚合果也具有丰富的营养。雄花序（以 100g 干燥样品粉末计）总氨基酸含量为 15.88g，必需氨基酸总量为 9.7g。总糖含量可达 27.59g，粗脂肪含量为 8.60g，粗蛋白质含量为 39.63g，总灰分含量为 8.58g。由此可见，构树雄花序是一种总糖含量适当，粗脂肪含量低，粗蛋白质和总灰分含量高，具有较高营养价值的花序。聚合果氨基酸的总含量为 7.865%，必需氨基酸的含量较高，约占总氨基酸的 31.23%。其中谷氨酸对动物生理功能具有重要作用，含量为 0.736%。果实含糖量为 20.62%，并且含有丰富的矿质元素（如：Fe、Mn、Cu、Zn、Mo）。此外，构树果所含矿质元素比例适当，具有高 K 低 Na 的特点。构树果汁是一种良好的功能性饮料，含有大量可溶性糖、生理活性物质（类黄酮以及抗氧化物质）。构果原汁中超氧化物歧化酶（SOD）、过氧化物酶（POD）活性高［SOD 含量约 15.37U/（min·mg）蛋白，POD 含量约 2 290U/（min·mg）蛋白］，同时，富含维生素 C、类胡萝卜素。这些物质在生物体内形成清除自由基抗氧化系统，起着重要的清除自由基的作用，具有防止机体衰老的功能。因此，将构树果原汁制成具有生物活性的保健品，口服进入人体也将起到补充营养、抗衰保健的作用。

构树种子的营养价值同样不可忽视。构树种子油以不饱和脂肪酸为主，总量达到 90.69%，其中，人体必需脂肪酸亚油酸的含量为 85.42%，明显高于其他常见食用油，如花生油（22.0%）、菜籽油（14.2%）、米糠油（34.0%）、香椿籽油（54.73%）、豆油（51.0%）、玉米胚油（54.0%）。油脂中的不饱和脂肪酸以及人体所必需的亚油酸是评价油脂营养的两个重要指标，而脂肪油中不饱和脂肪酸和饱和脂肪酸的比值为 9.752。因此，构树种子油具有很高的营养价值。综上所述，构树果是一种富含维生素，矿质营养价值高的优良野生水果资源。在果汁、饮料、水果罐头等方面具有较大开发利用价值。

二、构树的饲用价值

2011 年，我国饲料企业数量达到 15 354 家，年产 10 万 t、50 万 t 和 100 万 t 的企业数量分别为 360 家、33 家和 18 家。产业体系及链条逐渐完善，但是我国饲料行业的配方技术结构仍以玉米—豆粕型为主。豆粕、玉米等大宗原料对外依存度越来越高，受国际市场影响愈来愈大。因此，如何突破现有的配方技术，开发新的原料和替代品，不断强化饲料质量安全评价，成为增强企业综合实力，提高竞争力的重要挑战。

对构树叶饲料进行的毒性试验结果表明，按照 GB 15193—2003《食品安全性毒理学评价程序和方法》，采用小鼠进行饲料毒性毒理试验，并经江苏省疾病预防控制中心检验，雌雄小鼠急性经口 LD_{50} 值均大于 15 000mg/kg 体重，构树叶饲料属于安全无毒级绿色生物饲料产品。

早在 1957 年就有人用构树叶、米糠及南瓜喂猪，猪喜吃，吃后不贪睡、肯长。1 月买进的仔猪 6kg，11 月宰杀净重 87kg。大量研究证实，用构树叶替代部分常规饲料喂猪对生长性能无影响，饲料消化率达 80% 以上，并能提高肉猪抗病力，同时可改善猪肉品质，降低饲养成本，提高养猪生产的经济效益。孙华等的研究表明，在猪日粮中添加构树叶粉，对全期日增重和料肉比以及胴体性能并无显著影响，且在基础日粮中添加 15% 的构树叶粉或

者以 15% 的添加量部分替代豆粕和麦麸可使每千克增重成本分别降低
6.11% 和 6.09%。在育肥猪的饲粮中添加 8% 构树叶粉，饲养后发现猪肉肉
色有一定改善，脏器指数有增大的趋势。夏中生等采用套算法进行消化代谢
试验，结果表明，构树叶在生长育肥猪体内的总能、粗蛋白质、粗脂肪、粗
纤维和无氮浸出物的表观消化率分别为 68.10%、76.5%、30.13%、
32.61% 和 83.22%，氮沉积率和蛋白质生物学价值分别为 61.72% 和
70.31%。与玉米、豆粕、麦麸、稻谷等常见饲料相比，具有粗纤维、粗蛋
白消化率高；粗脂肪消化率低的特点。这些特点与李海新的研究结果相符。
其研究结果指出，饲料中添加一定量的构树叶可提高猪的后腿比例，眼肌面
积及瘦肉率，肌肉的颜色和系水力，同时降低皮脂及背膘厚。使用构树叶饲
养后，背膘厚度显著降低 28.57%，眼肌面积显著提高 9.96%，瘦肉率提高
2.45%，皮脂率降低 11.87%。这表明饲料中添加构树叶粉可以有效降低生
长猪的脂肪沉积量，这与构树叶片粗脂肪消化率低的特点相符。另外，骨骼
率提高了 6.73%，说明饲喂构树叶对生长猪钙、磷等矿物质的沉积有积极
作用。肌内脂肪含量、谷氨酸钠含量分别显著提高了 20.4%、13.62%。肌
内脂肪含量与肉的香味、多汁和口感有直接的正相关关系，饲料中添加构树
叶粉对生长猪的脂肪沉积有积极影响；谷氨酸钠极具鲜味，会使肉质味道更
加鲜美。猪肉 pH 值、游离氨基酸含量、肉色值也分别提高了 3.04%、
8.25% 和 19.00%，瘦肉率提高了 1.27%。这些试验结果说明，构树叶片不
仅具有部分替代常规日粮的潜力，并且能够一定程度的提高猪肉的质量与
风味。

　　虽然构树叶蛋白质结构复杂，对于鸡等单胃动物难以充分消化吸收，饲
养效率不高。但是，通过对构树叶进行发酵处理，将粗蛋白、纤维素等不易
消化的成分进行部分分解后，发酵产物仍然可以应用于禽类的饲养。熊罗英
等利用发酵构树叶饲料饲喂 AA 肉仔鸡（1～42 日龄），结果表明，生产性
能和养分消化率并不受影响。吴健平等对饲粮中添加 2%～6% 的构树叶粉
的良凤花肉鸡进行研究，其结果表明饲料中添加适当的构树叶粉，无论饲料
各营养成分的利用率还是肉鸡的生长和品质均未出现明显变化。这些研究证
实了构树饲料应用于家禽生产的可行性。而李艳芝等对构树叶对产蛋率的影
响研究发现，饲粮中添加 0.5%、1.0%、1.5% 和 2.0% 的构树叶产蛋率有
所提高。添加 1.5% 的构树叶粉后，蛋黄颜色、蛋壳相对重、蛋壳厚度均有
显著提升。

　　在饲料行业中，构树同样也具有很大的市场潜力。通过前文对构树叶片

的营养价值以及饲用价值的介绍，可以发现构树叶粉完全具有成为新兴饲料产品的潜力。相信在完善的饲料产业体系支持下，构树叶粉不仅会成为一种新型的饲料商品，而且还将缓解"人畜争粮"问题、减少对外部原料的依存。

三、构树的造纸价值

在造纸方面，构树皮纤维洁白、细长而柔软，吸湿性强，是纺织和造纸的优良原料，早在蔡伦造纸时期所用原料即为构树。构树种名"papyrifera"意指可以用来造纸，从英文名"paper mulberry"中也可看出与造纸有关。研究表明，构树纤维直径 15～25μm，长度为 620～1 290μm，平均 934μm，含有胶质，可增强纸的细密度；构树韧皮部纤维和半纤维含量达到 70%以上，与亚麻比较接近，而细度堪比棉花，在纤维特性和含量方面都表现出很好的品质，是造纸行业制造高档纸的优良原料。同时，我国造纸业进入了高速发展的新阶段，中国造纸全行业产量以 18.1%的增幅位居亚洲之首。"十二五"新增及技改特种纸及纸板 90 万 t，我国首次提出大力发展特种纸。这 90 万 t 新增特种纸的产能意义重大，是我国造纸工业发展进程中一个新标志，树立了发展我国特种纸新的里程碑。另一方面，我国仍是世界上最大的纸贸易净进口国，特别是木浆和废纸等纤维原料进口巨大。2002 年，中国木浆的进口量已经跃居世界第一位，占全球总净出口量的 20.6%，是第二位的德国的 1.4 倍，日本的 2.2 倍。2004 年，纸制品已经成为我国仅次于石油和钢材的第三大用汇商品。由于我国造纸木浆的比重过低，限制了纸和纸板产品品种和质量的提高，阻碍了高档纸种的开发，并造成长期以来造纸业环境污染严重。我国已陆续出台相关政策，鼓励使用木浆造纸，同时伴随着我国对环保的日益重视，木浆必定出现需求量大幅上升和价格上升的趋势。据调查，从 2001 年 5 月到 2004 年 5 月，我国进口木浆的价格翻了两倍多，现在还在继续上涨。制浆造纸业对上游林业存在严重的依赖性，都希望获得长期、稳定，具有相当规模的高品质纸浆原料供应。市场急切呼唤着本国优质纸浆的大量供应。因此，构树作为高档纸生产的上游原料势必会有乐观的市场。

四、构树的药用价值

构树的根、皮、枝、叶、种子和白色的乳汁均可入药。在古代构树就作为一味中药使用。如褚实子，《名医别录》载为仁品：甘、寒，无毒，功用大补益，主治阴疾水肿、益气、充肌肤、明目、久服不饥、不老、轻身。

《药性通考》载：褚实子，阴疾能强，水肿可退，充肌肤，助腰膝，益气力，补虚劳，悦颜色，壮筋骨，明目；补阴妙品，益髓神膏。

自 2000 年以来研究者分别从构树的叶、根和果实中获得了包括黄酮类、木脂素类、生物碱类、糖苷类及酚类等新化合物总计约 31 种新化合物。其中对构树总黄酮类化合物生物学活性的研究最多。研究结果表明，构树黄酮类化合物具有多种生物学活性。首先，广谱抗真菌与抗细菌活性，其对白色念珠菌（*Canidia albicans*）、酿酒酵母菌（*Saccharomyces cerevisiae*）、大肠杆菌（*Escherichia coli*）、鼠伤寒沙门菌（*Salminella typhimurium*）、表皮葡萄球菌（*Staphylococcus epidermidis*）和金黄色葡萄球菌（*Staphylococcus aureus*）的最小抑制浓度分别为 25.0μg/ml、12.5μg/ml、20.0μg/ml、25.0μg/ml、10.0μg/ml 和 15.0μg/ml，表现出一定的作为抗菌先导物的应用潜力。陈随清用甲醛—巴豆油注入大鼠前列腺部复制了大鼠前列腺炎的模型，再将构树叶的提取物作用于该体系中，检测大鼠血液中白细胞数并进行大鼠前列腺的病理切片。构树叶片提取物具有治疗前列腺炎的活性成分。其次，黄酮类物质具有抗氧化及清除细胞毒活性作用。黄酮类物质可保护经重金属处理的人表皮细胞活性，降低脂质过氧化产物浓度，及通过下调 Bcl - 2 的蛋白和上调 Bax 蛋白的表达，诱导肝癌细胞 HepG2 凋亡。再次，构树黄酮类物质还具有改善记忆力的功效。戴新民等通过小鼠跳台法试验发现，构果能有效地拮抗东莨菪碱对小鼠的记忆获得的阻抑，并通过小鼠复杂迷宫趋食反应，证明构果液能显著缩短小鼠走迷宫取食所需时间，减少错误次数。构果可促进学习的功效，将构果液连续腹腔内注射 8d 后对小鼠测试时的错误次数显著减少，潜伏期明显延长，可见构果液对乙醇引起的小鼠记忆再现缺失具有明显的改善作用，同时也发现构果对亚硝酸钠中毒性缺氧有明显的保护作用，并对其造成的记忆巩固不良有一定的改善作用。熊燕飞等则用 Morris 水迷宫测试对喂食构树黄酮固体脂质纳米粒的小鼠进行测试。发现构树黄酮在不影响小鼠正常发育的条件下，能显著增强小鼠的空间学习与记忆能力。

另外，通过 MTT 法对构树中提取的木脂素类新化合物进行研究，发现木脂素类化合物能够保护嗜铬细胞瘤细胞 PC12 免受 H_2O_2 介导的损伤，显示其在抗肿瘤药物中的可能的开发潜力。在萜类化合物方面，通过酪氨酸酶抑制分析系统与 DPPH 自由基系统评价，发现萜类化合物对酪氨酸酶有微弱而稳定的抑制作用，而对黄嘌呤氧化酶有中等强度的抑制作用，可能在开发痛风药物上有着一定的应用前景。

经临床研究可见，构叶软膏治疗浅部真菌的疗效与达克宁相当。卞美广等自制构叶软膏在门诊选取症状、体征典型真菌镜检阳性的病例,分为两组,分别用自制的构树叶软膏和达克宁软膏进行皮疹治疗。经 1 周后两组患者同时复查,2 周后同时评测疗效。结果显示,达克宁软膏的治疗率达 80%,自制的构叶软膏有效率达 76.67%,并未见任何副作用。

五、构树的生态价值

随着社会的进步,人们对环境危机的意识越来越强。绿色、环保、生态等一系列词汇在众多政府报告、媒体新闻、报纸期刊中大量被使用说明,环保事业不仅备受人们重视,而且已经迫在眉睫。例如,北京,雾霾问题已经严重影响到了人们的出行、健康。解决雾霾问题势必要"双管齐下"。除了节能减排,大量种植抗污、吸污能力强的绿化植物也是重要的手段之一。构树叶表面粗糙,背面长有绒毛,这种结构使构树叶片具有较强的吸尘能力。在北京市学清路绿地系统中,构树的滞尘能力显著,平均每周单株滞尘量高达 570.31g,一年则滞尘 17.11kg。孙悦对济南市常见乔木滞尘能力进行研究,结果表明构树在 21 种常见乔木中单位叶面积滞尘量最高,可达 15.52g/m^2。另外,实验结果表明,构树叶片在高尘环境滞尘量比低尘环境和中尘环境分别提高 60.3 倍和 13.1 倍。

空气中的污染除了固态粉尘外,工业生产中的废气、交通工具排出的尾气都含有大量 SO_2、NO_2、Cl_2 等有害气体对人的身体健康更加具有威胁。为了富集、清除这些废气,在工厂及其周边地区需要种植一些具有抗污吸污能力的绿化树种。一般认为对污染物抗性强的植物叶片厚,表皮层数多,表皮细胞壁厚,气孔下陷,并有表皮毛覆盖,叶肉组织中栅栏组织层数多和排列紧密,海绵组织不发达且细胞间隙小等特征。从构树的叶片形态结构上分析,构树是一种天然的抗污染树种。在污染严重的工厂环境中,不论是自然还是栽培条件下的构树,生长都非常茂盛,没有受到生长抑制。这说明构树具有很强的抗污能力。王燕等人在对抗大气污染的树种的报告中指出构树对 NO_2、Cl_2、SO_2 具有较强吸收净化能力。在青山地区土壤含氮量约为0.8mg/g,构树植物叶片含氮量可达 35.4mg/g,而广玉兰、木芙蓉、紫薇等植物叶片含氮量仅为 8.9mg/g、4.5mg/g 和 10.2mg/g。通过相关性分析,证明构树叶片含氮量与其土壤中氮素相关性并不显著,说明植物叶片中的含氮量主要来源于对空气 NO_2 气体的吸收,而不是土壤。并且在 NO_2 污染环境下构树的长势、形态、生理均未发现明显的变化。在净化空气 SO_2 方面,采用熏蒸法对 12 种常见的园林树种吸硫能力进行测定,结果发现构树叶片相对吸硫量为 1.085mg/gDW,

属于中等吸硫能力（1.0mg/gDW＜叶片吸硫量＜1.5mg/gDW）的树种。综上，构树是在城市园林绿化方面，特别是工业化城市具有大力开发、应用潜力的理想树种。

在国家发展的道路中，除了空气污染问题，土地的退化问题（如：荒漠化、盐渍化、重金属污染等）也严重阻碍了我国可持续发展的步伐。中国土壤退化总面积约 $4.6 \times 10^8 hm^2$，占全国土地总面积的 40%，是全球土壤退化总面积的 1/4。其中盐渍土面积约为 $1.0 \times 10^8 hm^2$；荒漠化土地面积约为 $3.33 \times 10^8 hm^2$；受重金属污染土地面积占全国耕地面积的 10% 以上。因此退耕还林势在必行。退耕还林就是从保护和改善生态环境出发，将易造成水土流失的坡耕地有计划、有步骤地停止耕种，按照适地适树的原则，因地制宜地植树造林，恢复森林植被。在治理退化的土地的初期，由于土壤环境恶劣，不利于一般植物的生长。因此，需要有一些抗逆性强、生长速度快的植物作为先锋生长在退化的土地上，随着土地状况的改善其他植被才能逐步生长起来。这类植物生态学上称为先锋物种，在生态系统更替中起到重要作用。构树就一种优秀的先锋树种。

在对贵州土壤石漠化地区野外植被调查发现，构树为该地区演替系列中出现最早的木本植物，从草本阶段到草灌丛阶段均有出现。并且在干旱少雨、风沙、沙尘暴灾害等恶劣的自然生态环境的条件下，构树自生繁衍势头强劲，到处可见到自然群落的构树。在人工种植时，浇水 2～3 次成活后，即可免去浇灌。再加以种子传播容易、根株萌芽力强又耐干旱，须根系极为发达，在土壤中可以形成网络紧固结构，固土固沙性能很强，保护水土不易流失。地上丛生植株形成了良好的保护结构，可削弱风力，减少风蚀和失土，实为森林营造极具潜力的树种之一。除了在干旱地区，构树对盐害也有表现出一定的抗性。一些实验结果显示构树在一定的盐浓度范围和时间内能够主动调整其生理代谢，通过合成有机溶质以提高适应能力而忍受逆境。丁强在天津市的滨海新区引种中国科学院植物研究所培育的杂交构树，结果表明杂交构树在重盐土壤（含盐量0.843%）中的存活率可达79.3%，在中盐的土壤（含盐量0.672%）中存活率可达96.6%。王金山等以杂交构树为材料，在环渤海湾试验基地进行连续种植试验，同样发现当含盐量在1%以下时，杂交构树的成活情况良好，能够稳定在95%以上，而且长势较好，成活后保活程度高。证明了杂交构树作为绿化树种在盐碱地应用的可行性。如果配以适当的园林绿化管理措施，杂交构树能够在盐碱地上实现原土种植并成活。以杂交构树为主的配以多种盐生和耐盐植物的盐碱地绿化体系，不需要对土壤进行过多的工程措施，就可以大幅度降低绿化工程的成本。

　　在重金属污染的地区，构树也表现出具有很强的适应性。生长于重金属污染地（Sb、Zn、Pb、Cd、Hg、As、Cu）的构树与非重金属污染地的构树各器官的生物量与构成差异很小，表明重金属胁迫没有引起构树生长量的衰减。通过对重金属污染区构树各部位金属离子含量进行检测，发现重金属主要富集在叶、枝中，富集系数可达 1.149，属于富集能力较强的树种。4 年生的构树叶片每年可富集 Sb 24.21mg、Zn 18.67mg、Pb 5.09mg、Cd 0.29mg、Hg 0.37mg、As 3.93mg 和 Cu 0.13mg。构树作为富集型植物其对重金属耐性高且能将其吸收的重金属转移到地上部，可用作污染土壤修复，但收割后要妥善处理防止重金属通过食物链对人畜造成二次污染。

第二节　我国构树资源的利用现状与开发前景

一、构树产业发展过程及其走向解析

　　构树资源的应用在很久以前便融入了人类社会。早在 2000 多年前就开始利用构树皮来造纸，我国古代"四大发明"之一的蔡伦造纸术所用的原料就是构树皮，为人类文化的传播和世界文明的进步作出了杰出的贡献。2005 年，临沧市人民政府基于对这一文化遗产的保护，组织专技人员对临沧傣族构皮手工造纸工艺进行实地调查，并将它作为国家级非物质文化遗产代表向国务院申报。据专技人员叙述临沧傣族构皮手工造纸的工艺流程保存完整，但常年从事古法造纸的家庭只有 30～40 户，而且都是老年女性，最大的已达 73 岁，最小的已有 60 岁。而对于鹤庆白族民间手工造纸业来说，随着农村产业结构的改变和现代农业生产水平的不断提高，鹤庆白族的生活方式有了较大改变。加上机制纸的大量运用，社会人员流动性的增强，构树资源贫乏，加之手工造纸成本高利润薄，劳作起来又脏又累，很多年轻人都不愿从事这项劳动。使得拥有悠久历史文化传统的白族村落手工造纸作坊处于时停时产的状态，甚至即将面临着逐渐消亡的危机。可见，构树作为我国四大发明——造纸术的原料，构树文化应当予以重视并加以保护。在其他国家，构树文化则备受重视，2014 年 11 月 27 日，联合国教科文组织（UNESCO）政府间委员会决定将"和纸—日本手漉和纸技术"列入非物质文化遗产。此次被定为非物质文化遗产的和纸含 3 种产品，均采用小构树为原料经传统工艺制成，并出自日本不同产地，分别是，岛根县的"石州半纸"，岐阜县的"本美浓纸"，以及崎玉县的"细川纸"。

除了构树文化，以构树为中心的构树产业也将有助于改善社会环境、推动社会发展、解决社会问题。构树作为城市绿化树种吸附粉尘、净化汽车尾气，是保障人民健康生活环境的绿色卫士。以构纸、构叶粉为代表的一系列构树产品具有缓解国内需求紧张、远销海外的属性。不仅有可观的经济价值，还缓解了"三农"和"人畜争粮"的社会问题。构树产业同时为社会提供大量的就业机会，缓解了社会的就业压力。总之，构树产业的兴起与发展势必会促进"国家富强、民族振兴、人民幸福"，推动社会发展、早日实现中国梦。

新中国成立以后，1958 年构树无性育苗便获得成功。同年，便有关于利用构树叶饲养家猪的报道。仅 1 年之后，就有了构树在防烟方面的报道。这说明构树作为一种乡土树种在新中国成立初期就已经受到科学家们的注意。但是由于当时我国科学研究处于起步阶段，科研条件落后、经费缺乏，对构树的研究多以样地种植、实地考察为主，属于构树研究的早期阶段。改革开放以后，科学研究快速发展，大量的研究集中于对构树各部位营养成分、药用价值、绿化作用的研究。这些研究为构树产业的提出与建立提供了大量理论基础。基于这些试验结果，20 世纪末，在一些地区开始将构树用于实际的生产或者绿化中。通过试验种植表明，构树是一种具有巨大潜力的优良树种。乡土、速生、绿化、富有营养等词汇成为了构树的标签。同期，构树相关产业、技术环节逐步成形。但是，当时构树原料多来源于野生环境，没有形成相应的种植规模。21 世纪，随着生物育种技术的发展，我国科技工作者开始培育优良性状的构树品种，并在各省开展试点种植。如由中国科学院植物研究所科技人员历经 10 年潜心研究，采用现代农业育种技术，通过太空搭载育种、杂交选育等手段培育出杂交构树，并于 2004 年开始在大连等地试验示范种植。通过在全国 20 多个省区示范验证，其为在中国大部分地区均可种植的优质树种，已成功种植近 10 万亩。2011 年，由河南省林业技术部门引入，分别在郑州、濮阳、安阳、周口等地区设置了速生杂交构树和本地构树品种对照试验，共建试验林 60 余亩。每年亩产韧皮纤维 200kg，木材 2 000kg，构枝叶 1 500kg，并且耐砍伐，1 年栽植，连年收获。

二、构树达成的社会共识和发展的契机

（一）有关领导和专家的建议

2007 年 6 月 12 日，由国家林业局主办的杂交构树研讨会在北京国林宾馆举行，来自中国科学院、中国林业科学研究院的多位专家，国家林业局相

关司局领导，构树适生区域林业主管部门和相关企业的代表参加了这次会议。在研讨会上，专家们一致认为，在产业发展方面，构树有很多优势，不仅能够造纸、做饲料、药，还是荒山绿化，特别是在一些石漠化地区、盐碱较重的地区、荒漠化地区绿化的优选树种。"我国虽然森林分布很广，树木种类也很多，但真正能用于造林的树种并不太多。总是北方'杨家将'（杨树），南方'沙家浜'（杉木），相对而言，杂交构树有更好的品质，生长速度更快，纤维含量更高，这对于改变我们国家以往单一的造林树种结构，会起到很大的作用。"中国科学院院士、著名森林资源专家唐守正从优化我国森林资源结构的宏观层面指出了发展构树的必要性。国家林业局经济发展研究中心副主任陈鹏则从林业经济发展的角度发表了自己的看法，他认为，"构树这样浑身都是宝，符合开发森林多种功能的思路。一般而言，林业投资大、周期长、风险高。在林业发展中，就需要这样的优良树种来发展人工林，建立工业原料基地，发展效益性林业"。黎祖交教授在会上指出，"构树产业实际上是一个既大又好的产业群。"他所说的产业群就是指全方位开发构树的根、茎、叶、果等各方面的功能，形成造纸、饲料、制药、饮料等不同的产业发展方向。通过这次研讨会，与会的构树适生区林业主管部门代表和媒体记者都对构树的发展优势有了系统的了解，并表现出了极大的兴趣。

2015年1月17日，受务川县委（简称"务川"）、县人民政府邀请，中国科学院植物研究所首席研究员、博士生导师沈世华，在贵州省农委粮油作物发展处处长易勇的陪同下，到务川县农业园区就新型饲料——构树种植项目作专题调研。调研期间，沈世华强调："构树饲料绿色环保，饲喂家畜适口性好，利用率高，生长快，形态好，屠宰率高，瘦肉率高。为了做到生态养殖，切实解决牲畜饲料保障问题，中国科学院、贵州省农委和扶贫办三部门将把构树饲料作为一个重点项目推广。务川生态环境优美，气候及土壤非常适合种植构树，且务川草地生态畜牧业基础好、发展势头好，建议务川抓住这个机会，规划、申报和实施好构树种植及构树饲料养畜项目，并以此为着力点，促进务川草地生态畜牧业快速健康发展。"

（二）列为国务院十大精准扶贫项目之一

随着我国经济快速增长和生活水平提高，对动物蛋白的刚性需求与日俱增，蛋白质饲料原料已成为畜牧业发展的瓶颈，大力发展粗蛋白木本饲料资源植物、"以树代粮"成为缓解饲料原料危机和确保食品安全的新途径。中国科学院植物研究所沈世华领导的研究组在收集评价构树基因资源和种质创新的基础上，通过杂交育种结合现代生物技术培育出富含粗蛋白的杂交构树。该树种具有速生、丰产、多抗、耐砍伐等特点，在饲料、造纸、生态绿化等方面具有重要的经济和生态价值，并在全国20多个省区进行了试验示范，可在我国边际土地大量种植，既能获得粗蛋白木本饲料，解决农牧争地的矛盾，帮助农户脱贫致富，还可改善贫困地区的生态环境，是一项实现"经济—生态—社会"3个效益统一的利国利民工程。

针对国民经济发展的战略需求，国务院扶贫开发领导小组办公室与中国科学院植物所于2014年建立相关合作，成立"杂交构树产业扶贫"专项组，项目组成员实地考察了杂交构树产业化试验示范基地，调研了贫困地区农牧业发展现状和存在问题，并起草了杂交构树产业扶贫调研报告和设施方案等。2014年12月3日，中国扶贫发展中心组织召开了全国杂交构树产业扶贫研讨会，来自农业部、国家林业局、科技部、中国科学院、中国农业科学院、中国林业科学研究院等领导和专家充分发表意见和建议，对杂交构树将在发展全国生态农牧业及脱贫致富等方面的推动作用予以肯定。

在2014年年底的全国扶贫开发工作会议上，国务院扶贫开发领导小组办公室主任刘永富介绍，2015年我国积极推进实施精准扶贫十大工程。精准扶贫十大工程分别为：一是干部驻村帮扶；二是职业教育培训；三是扶贫小额信贷；四是易地扶贫搬迁；五是电商扶贫；六是旅游扶贫；七是光伏扶贫；八是构树扶贫；九是致富带头人创业培训；十是龙头企业带动。这其中，既包括干部驻村帮扶、职业教育培训等"传统项目"，也包括构树扶贫、电商扶贫、光伏扶贫等新手段新方法（光明日报，2014）。构树扶贫工程就是充分利用杂交构树生产能力强、生态效益好、适应面广的特点，推进产业化经营。在改善生态环境的同时，促进贫困农户增收。利用贫困地区荒山荒坡种植构树饲料资源植物，以有效解决农牧争地矛盾，实现生态与经济的良性循环。该工程依托中国科学院植物研究所杂交构树品种和产业化技术，于2015年起在部分省区试点，并逐步推广到全国各适应地区。目前，国务院扶贫开发领导小组办公室已确定在广西壮族自治区、贵州省、重庆市、四川省、安徽省、河南省、甘肃省、宁夏回族自治区、山西省、内蒙古自治区、吉林省11个省区市、30多个县开展杂交构树产业扶贫试点，推进杂交构树"林—料—畜"一体化工程，以龙头企业为实施主体，在当地扶贫办公室的领导和组织下，建立与贫困农户利益共享机制，快速脱贫致富，建设美好家园。

构树生物学特性

第一节　构树植物学特性

构树 ［*Broussonetia papyrifera*（L.）Vent.］属桑科构属多年生落叶乔木或亚乔木，高达 20m，全株含乳汁。树皮平滑，浅灰色；叶交互式生长呈螺旋状排列，宽卵形至长椭圆状卵形，先端渐尖，基部心形或圆形，叶缘具粗锯齿，全缘不裂或 2~5 不规则浅或深裂叶，小树之叶常分裂明显，老树则不明显；叶片长 7~20cm，宽 6~15cm；叶柄长 2.5~8cm，被柔毛；托叶大，卵形，狭渐尖，长 1.5~2cm，宽 0.8~1cm。

叶片上表面有糙毛，少见气孔，而下表面则密生柔毛，气孔密集。较高的气孔密度意味着较高的净光合作用率，因此，整株植物具有光合面积大、光合效率高的特点。叶肉组织发达包含栅栏组织和海绵组织。栅栏组织通常由 1~2 层柱形细胞构成。具有密度大、细胞较长、排列整齐紧密、含叶绿体较多等特点。栅栏组织在维管束处间断，在维管束鞘外呈弧形排列。海绵组织由多层细胞构成，大小、分布较不均匀，细胞形状不规则，排列疏松，细胞间隙大，内含叶绿体较少。

叶脉为三出脉，主脉向下突出，主脉旁边生有 7~10 对大侧脉，伸至叶缘时分支成小叶脉。主脉和侧脉之间还生有数量庞大的支脉，相互交错形成呈网状，各级脉上都分布有大量的被毛。小脉密集且间距较小，形成密集发达的维管组织，并在叶中所占有很大比例。主脉中维管束排列均匀紧密，外被一层较薄的维管束鞘。维管束与上表皮之间有几层薄壁细胞，与下表皮之间的薄壁细胞明显较多，细胞也明显增大。围绕维管束鞘分布一整圈晶簇，由多层含晶细胞组成。晶细胞可改变细胞渗透压，提高吸水和持水力，同时可聚集体内过多的盐分，还可加强叶的机械性能，大量的晶体细胞产生很大的机械强度，可减低萎蔫时的损伤。侧脉和细脉结构较主脉简单，但有木质部和韧皮部之分，其中细脉上表皮处不突起，只有下表皮处向下突起。

雌雄异株，雄花序为柔荑花序，棒状长 5cm 左右，苞片披针形，被毛，花被 4 裂，裂片三角状卵形，被毛，雄蕊 4，花药近球形，退化雌蕊小。雌花序球形头状，苞片棍棒状，顶端被毛，花被管状，顶端与花柱紧贴，花柱侧生，丝状，子房卵圆形，柱头线形，被毛。聚花果圆球形，直径 1.5 ~ 3cm，成熟时中央为木质果托，外被肉质浆果，橙红色；每个单花顶端有一瘦果，具与等长的柄，表面有小瘤，龙骨双层，外果皮壳质，内有 1 粒种子。花期 4 ~ 5 月，果期 6 ~ 9 月。

在构树群体中，雌、雄株一般呈不均匀分布，雄株所占比例比雌株高。在我国长江流域，一般 3 月中旬长出，4 月中旬开花随后花粉弹出，花期 4 ~ 5 月。在体视显微镜下，雄花具有"爆破式"的花药，雄花发育初期，花丝和花药呈约 60° 折服状被花被包裹住，花丝处在很强的张力作用中，雄花开放时，花丝展平或反转，同时花药开裂，借助张力花粉被弹向空中，散粉后的花粉囊为空瘪状。

构树根系同样发达，根冠比大，侧根呈水平分布。一年生的构树根冠比可达到 2 倍以上。此外，构树根系还具备侧根分布广、生长快、萌芽力和分蘖力强等特点。通过对构树根系解剖结构观察，发现构树根系的导管发达。作为大多数被子植物输导水分和矿物质的主要器官，发达的导管使构树能够适应干旱等恶劣环境，并保证快速的生长。

第二节　构树生态学特性

构树为多年生落叶乔木树干，中有乳状树液，阳性喜钙树种，但具有一定耐阴性，在郁闭度 0.4 以下的林下可正常生长，适宜混交造林。一天中光合速率变化呈不对称的双峰曲线，具有典型的"午休"特征。光合速率最大值出现在 10：00 前后，随后光合速率开始下降，到 12：00 左右达到谷底，而后回升，直到 14：00 又出现第 2 个峰值。构树胸径生长呈"慢—快—慢"趋势，胸径在 1 ~ 3 年生长缓慢，4 年后胸径生长增快且逐年增加，最快第 6 年增幅达到峰值。连年生长量在 1 ~ 5 年逐年增加，第 6 年和第 7 年到达高峰期，年生长量可达 3.5cm，其后减缓，但仍保持较高的连年生长量，平均增幅在 2cm 以上，平均生长量最快在第 8 年达到高峰，胸径生长速度可达 1.84cm/年。构树第 4 年时树高生长速度达到峰值，可达 2.5m/年，且可以保持较高的生长量至第 6 年至第 8 年。树高平均生长速率，通常是 1 ~ 1.5m，4 ~ 8 年是树高的快速生长期。将 11 年构树与毛白杨、苏柳和苏柳相比，胸径总生长量分别大 5.7cm、3.4cm 和 1.4cm，树高总生长量分别大 0.6m、1.4m 和 1.4m，材积总生长量分别大 $0.0870m^3$、$0.0572m^3$ 和 $0.0222m^3$。因此，构树是一种极具造林潜力的新型树种。

多数构树在造林 2 年后开始开花结实，4 年后全部开花结实。在贞丰鲁荣、白层一带及关岭断桥等干热河谷地区，物候期稍早，最早在 2 月下旬开花展叶。雌、雄花同期，一般于 3 月中旬长，4 月中旬开花。在温暖而干燥的天气状况下，构树雄花内的 4 枚雄蕊依次成熟并散播花粉。在特定的温度和湿度下，可肉眼观察到构树不时冒出"白烟"。"白烟"实际上是雄性构树喷出的花粉，高度可达 50cm，持续数秒后散去，散播出去的花粉借助风力到达雌株雌花的柱头，从而完成其传粉过程。雄构树这种特殊的散粉机制与花丝和花药的结构有关。

一、构树对温度的适应性

温度是影响植物生长的最重要环境条件之一，它影响植物整个生命周期的各个发育阶段。植物的所有生理过程都是在一定的温度范围内进行的，温度和其他环境因子共同调控植物的发育。植物分布的地域性和生长的季节性也在相当程度上决定于温度，极端的温度也是危害植物的主要胁迫环境。

能维持植物生命的最低和最高温度可称为生存的最低和最高温度，二者合称为生存的极限温度。不同地区生长的不同植物生存的极限温度有很大的差别，一般北方品种的生存最低温度比南方品种低。植物能生长的温度比能生存的温度范围要小得多，在某些温度条件下，植物也许能存活，但不一定能生长。由于温度影响酶活性及各生化反应，也影响植物的光合作用、呼吸作用、水和离子的吸收与运输、同化物的运输与分配等生理过程，所以，温度对生长的影响是对一系列生理过程影响的综合效应。

植物的生长对温度较敏感，温度的变化会导致生长速率的明显变化。在一定范围内，植物生长过程随温度升高而加快，但超过一定范围时，生长反而会下降。植物生长最快的温度是植物生长的最适温度。在此温度下，植物生长快，但植物不一定健壮。由于消耗物质多，幼苗长得细长柔弱，在不利环境下易受损伤。如冬小麦在越冬时生长过旺，抗寒性降低，易受低温伤害。

另外，植物的生长受光合作用、呼吸作用及蒸腾作用的影响，而这 3 种作用都受温度的影响，故温度的影响直接影响着植物的健康生长，这种温度不仅包括气温、水温，还包括土壤温度。温度的变化，即影响植物吸收肥料的程度，也影响着植物的新陈代谢过程，温度过高或过低，都会影响植物新陈代谢的酶活性，从而降低新陈代谢过程，只有适宜的温度才能使新陈代谢达到最佳状态，以利于植物的快速成长。

低温冷害和高温都是影响当前农业生产的不利环境因子。全世界每年因低温冷害造成各种农作物的损失高达数千亿美元。而近年来，随着温室效应的加剧，全球气温上升，整个种植业更是面临着高温的挑战，我国西北和南方等地区有时太阳猛烈暴晒，西北、华北等地区有时吹干热风，都会使植物严重受害。

植物受高温伤害后会出现各种热害症状：叶片首先出现水渍状烫伤斑点，随后变褐、变黄、坏死、脱落；花瓣、花药失水枯萎，造成雄性不育，子房、花序萎缩、脱落；果实向阳面常发生局部灼伤斑块，并在受伤处与健康处之间形成木栓，有时甚至使整个果实干枯；树干（尤其是向阳部分）干燥、裂开，可深达韧皮部，造成韧皮部偏心生长，严重时出现明显的年轮偏心生长现象。

构树具有枝叶茂密，萌芽力强，生长速度快，抗性强等特点，近年来在各地应用甚多，被广泛应用于行道树、庭荫树和防护林。2005 年，天津钢管集团股份有限公司大面积栽植和培育构树作为行道树，2008 年初见成效，绿化效果和净化空气的作用明显，并表现出许多优良的特性。如抗寒性强，当年种植的构树，在冬季不浇防冻水的栽培条件下，冬末早春未发生抽条枯株的现象。

徐静平等曾以两年生屋顶绿化木本植物白榆、柳树、小叶杨、构树、柽柳、金银木、金叶榆、珍珠梅为试验材料，测定不用梯度热处理条件下叶片相对电导率，对 8 种木本植物耐热性进行了研究，经统计软件分析，8 种植物的半致死温度分别为柽柳 65.30℃、金银木 63.80℃、小叶杨 57.85℃、柳树56.84℃、白榆 55.87℃、珍珠梅 49.94℃、构树 44.81℃、金叶榆 43.98℃。可以看出构树的耐热性较差。

二、构树对水分的适应性

水是生命的源泉，生命不仅发生于水的环境，而且生命过程必须在水的环境中进行。对于植物来说，水具有特别重要的意义。植物的一切正常生命活动，只有在一定的细胞水分含量的状况下才能进行，否则，植物的正常生命活动就会受阻，甚至停止。可以说，没有水，就没有生命。在农业生产上，水是决定收成有无的重要因素之一，农谚说："有收无收在于水"，就是这个道理。

水分在植物生命活动中主要有以下几个作用：①水是植物细胞原生质的最主要组成成分，其含量在70%～90%。细胞中的水以自由水（free water）和束缚水（bound water）两种状态存在，自由水是不被植物细胞内胶体颗粒或大分子所吸附、能自由移动、并起溶剂作用的水，束缚水则是可以被细胞内胶体颗粒或大分子吸附或存在于大分子结构空间，不能自由移动，不起溶剂作用的水。自由水所占比例越大，原生质黏度越小，呈溶胶状，代谢越旺盛，生长较快。②水是植物细胞中各种生理生化反应、物质代谢和运输的基本介质。水分子具有极性，是自然界良好的溶剂，在生物体内，细胞间信号传导，光合产物的合成、转化和运输以及矿质元素的吸收、运输等生理生化过程都需要在水溶液中进行。③水是植物细胞代谢作用的反应物质。它不仅是光合作用的原料，还参与了呼吸作用、有机物质合成与分解。没有水，这些重要的生化反应都不能进行。④水分能保持植物的固有姿态。植物细胞通过建立平衡的水分关系，使其具有一定的细胞膨压，以维持细胞的紧张度，使枝叶挺立，花朵开放，根系得以伸展，从而有利于植物捕获光能、交换气体、传粉受精以及对水肥的吸收。⑤水在植物的生态环境中还起着重要的作用。由于水具有特殊的理化性质，所以在植物的生态环境中起着特别重要的作用。例如：植物通过蒸腾作用散热，调节体温，以减轻烈日的伤害；水温变化幅度小，在水稻育秧遇到寒潮时，可以灌水护秧；高温干旱时，可以灌水调节植物周围的温度和湿度，改善田间小气候；此外可以以水调肥，用灌水来促进肥料的释放和利用。由此可见，植物生命活动中对水的需要，包括了生理需水和生态需水两个方面。

由此可见，水在植物生长发育过程中是至关重要的，而植物对水量的需求不是越多越好，水分过多或过少，对植物生长都是不利的。土壤水分过多，会造成涝害或徒长，且土壤中空气流通不畅，根系易腐烂；水分亏缺产生旱灾，抑制植物生长。主要表现在以下几个方面：①机械损伤。干旱时细胞因脱水而在细胞壁上形成许多锐利折叠，刺破原生质；突然复水，由于细胞壁与原生质吸水速率不同，亦能撕破原生质。②光合作用减弱。水分不足使光合作用显著下降，直至趋于停止。③膜透性改变。干旱时细胞脱水，膜脂排列紊乱，使膜出现空隙与龟裂，细胞内含物外渗。④蛋白质变性。干旱时细胞脱水使蛋白质分子之间的—SH接触，氧化脱氢形成—S—S键；复水时二硫键不能断裂，因而破坏了蛋白质的空间构型。⑤生长受抑。发生水分胁迫时，分生组织细胞分裂减慢或停止，细胞伸长受到抑制，生长速率大大降低。⑥破坏了正常代谢过程。细胞脱水对代谢破坏的特点是抑制合成代谢而加强了分解代谢。因此，水分短缺是作物生长中最大的限制因子，土壤干旱胁迫使植物的长势、生理机制、激素水平等都会发生一系列变化，能明显抑制作物根系和地上部生长，显著降低作物的生物量、产量和收获指数。

构树适应性强，分布广。构树耐干旱、耐贫瘠、抗盐碱，在高盐地区以及丘陵、河滩等土地上均可正常生长。它是迅速绿化荒山、荒坡、荒滩和盐碱地理想的优良树种之一。

构树不仅分布于我国南北各地，而且在日本、朝鲜、马来西亚、泰国、缅甸、越南也都有野生或栽培品种。2008年，丁菲等以盆栽当年生构树幼苗为实验材料，研究了低、中、高（即土壤含水量分别为田间持水量的75%、60%、45%）3个不同程度土壤干旱胁迫下及复水之后构树叶片细胞质膜的伤害程度和其酶促抗氧化保护系统的活性。结果表明：构树幼苗能够适应低度的干旱胁迫，长期的中度和重度干旱胁迫会对构树造成一定的伤害，但复水后伤害会明显恢复。

在喀斯特地区，构树是一种阳性先锋树种，适应于光照强度大的裸地，但生境中土壤因无植被覆盖，土壤水分变化剧烈，临时性干旱更为频繁，因此，构树必然有其抵抗临时性干旱的特征、方式、途径。2010年，魏媛等采用人工模拟水分胁迫法，对喀斯特地区1年生构树苗木的生态耐旱适应性进行了研究。结果表明：随着水分胁迫加剧，构树幼苗叶质膜相对透性上升、丙二醛含量、游离脯氨酸含量增加；叶绿素含量、硝酸还原酶活性、根系活力下降；过氧化物酶活性呈"先上升后下降"的趋势。实验结果表明，构树在一定的水分胁迫下能够主动调整其生理代谢，通过合成有机溶质以提高适应能力而忍受逆境，揭示喀斯特森林树种构树具有的一定生态耐旱生产潜力，对水分亏缺的适应能力也较强，可作为喀斯特石漠化地区造林的先锋树种。

翟晓巧等人通过观察构树、黄连木、白榆、刺槐、枣树、臭椿、火炬树、白蜡8种落叶乔木的叶片解剖结构，对其进行抗旱性综合评价。8种试验树种均为生长状况良好、生境一致的2年生盆栽苗，分别采集中部受光均匀处叶片3~4片。依据叶片横切面扫描电镜图片，分别测量不同类型的叶片厚度、栅栏组织厚度、海绵组织厚度和下部紧密组织厚度；依据叶片下表皮显微电镜扫描图片，分别测量气孔长度、宽度，并计算每平方毫米气孔数量。通过利用隶属函数法和灰色系统关联性分析，对8个落叶乔木的10项叶片解剖结构的统计分析，对其抗旱性进行评价。结果显示，抗旱性最强的为构树，其余由强到弱为黄连木、白榆、刺槐、枣树、臭椿、火炬树、白蜡，叶片解剖结构指标与抗旱的关联度由大到小顺序依次为栅栏组织厚度、气孔密度、海绵组织厚度、叶片气孔宽度、叶片厚度、叶片组织细胞结构疏松度、叶片组织细胞结构紧密度、上表皮厚度、下表皮厚度、叶片气孔长度。构树的表皮具有表皮毛，起到了反射强光、减少叶表面空气流动、防止植物体内水分过多而流失的作用，多层而紧密的栅栏组织和海绵组织相对不发达，是旱生植物的主要特点之一。

三、构树对光照的适应性

光是影响植物生长发育最重要的环境因子之一。光是植物和其他一切生物赖以生存的主要能量来源，绿色植物通过光合作用利用光能将无机物同化为有机物，以化学能形式储存能量，为自身或其他生物所利用；同时，光作为一种环境信号参与调控植物的发育过程，从种子萌发、幼苗生长到植物的生殖、衰老和休眠的各个阶段，从基因表达到器官建成的各个水平，光无所不在地起着信号开关的作用。

光合作用是植物合成干物质的基础，只有光合能力越高，才能使植物贮藏更多的营养物质。影响植物光合作用的因素有光、CO_2浓度、温度、水等环境因子。其中光的影响作用很大，光对光合作用主要有 3 个方面作用。①提供同化力形成所需要的能量：光合作用能量的来源来自于光照，经过光反应将光能转变为活跃的化学能 ATP 和 NADPH，后二者在暗反应中同化CO_2形成光合产物，同时贮存能量。②活化光合作用的关键酶和促使气孔开放：暗反应的许多关键酶如 RuBP 羧化酶需要光的活化，在暗中没有活性；另外，光照引起气孔的开放，在此作用中，起主要作用的主要是红光和蓝光，其中蓝光作用更大。③调节光和植株的发育：叶绿体的发育，其中的基粒的形成和叶绿素的合成都需要光照。

因此，光照不足，不仅使同化力不足，还会使光合作用的关键酶得不到充分活化，气孔开度太小，影响光合速率。当叶片接受的光能超过它所能利用的光量时，也会造成光合效率的降低，表现为光合作用的光抑制。如在光强超过光饱和点的晴天中午，小麦、水稻、棉花、大豆等 C_3 植物的光合速率均下降，出现"光合午休"现象。主要因为在干热的中午，叶片萎蔫、气孔导性下降，CO_2吸收减少，在这种情况下，植物吸收氧而释放 CO_2 作用增强，产生光抑制。光合作用是植物整个生命过程中的重要生理过程，植物光合生理对某一环境的适应性，很大程度上反映了植物在该地区的生存能力和竞争能力。

在不同处理措施对构树种子萌发的影响研究中，孙永玉等人发现，构树种子发芽受光的影响较大，光照处理较遮光处理发芽率提高了 11.5%，每天 24h 光照处理的构树发芽整齐，叶色墨绿，苗木粗壮，而培养箱遮光处理的构树种子发芽断续性很大，叶色黄，芽柄细长弯曲，不能成长为有效苗木，因此在生产中构树的育苗应考虑光照影响。

姜霞在对包括构树在内的 38 种黔中地区造林树种选择研究中，通过对其各种光和生理指标的测定，发现构树属高光合高钙镁含量树种，其光饱和点高、补偿点低，对光适应的生态幅较宽，同时钙镁含量高，是喀斯特地区生态环境重建的首选树种。

冯利等人对上海南汇区水杉基干林带构树和槐树的光合特性进行了测定，水杉林中水杉平均高度 19.5m，平均胸径 21.9cm，构树平均树高 3.8m，平均胸径 4.2cm，槐树平均树高 3.5m，平均胸径 3.8cm，整个林分郁闭度为 0.9。测定时保持叶片自然生长角度不变，进行活体测量。由于水杉林带复杂的生态环境，对光有吸收和反射作用，致使到达林下的光合有效辐射明显减弱，槐树与构树的净光合速率的日变化为单峰曲线，并没有出现"午休"现象。且测定结果显示，构树的最大净光合速率明显高于槐树，两种植物净光合速率的日均值大小为构树 1.25μmol/（$m^2 \cdot s$）、槐树为 1.02μmol/（$m^2 \cdot s$），可见，单位面积内构树的光合产物高于槐树。说明构树对弱光照环境有一定的适应性，可应用于较高郁闭度林分的结构调控。

四、构树对土壤的适应性

植物生长发育的影响因素除了温度、水分、光照等气候条件外，还有土壤条件。这包括土壤的物理条件、酸碱度以及土壤中的化学元素。

1. 土壤的物理条件

植物生长所需要的水、空气、有机无机养分以及根系的自由伸展都与土壤的物理条件密切相关。土壤的物理条件包括土壤的颗粒大小以及土壤颗粒的排列方式等等。当土壤颗粒较大并且排列不规则时，植物生长所需养分与水分的传递通道受阻，根系不能自由生长，额外的能量将消耗在抵抗外界土壤颗粒的挤压，使得植物的生长大打折扣。土壤通气性不好不仅影响新根的产生，还会使根的生理功能与土壤结构发生变化，影响植物新陈代谢气体与外界的交换，最终影响植物的生长。

构树侧根极其发达，再生力强，多集中于地表 30cm，穿插力强，当年侧根伸展 2m 以上。地表根系发达，部分根还可形成固氮菌根，在土壤中形成网络坚固结构，是涵养水源、保持水土、防止土地石漠化、恢复与重建退化喀斯特生态系统的最佳树种之一。在退化喀斯特石漠化地区贫瘠土地上，开发利用构树可以获得良好的经济、生态和社会效益。

曾有研究人员分析测定表明构树叶粗蛋白可高达 25.4%，是一种价值较高蛋白质补充饲料，可广泛用于禽、畜养殖。据统计，种植 100 万亩构树林，每年至少收构树叶 80 万 t，按 800 元/t 收购价计算，仅此项每年就可为农民增加 6.4 亿元的收入。年产 300 万 t 的构树生物饲料可满足 1 500 万头生猪饲养的需要，又能为农民增加 15 亿元以上的收入。构树叶加工优质优良饲料，有利于喀斯特石漠化山地畜牧业的发展，从而促进农村经济发展。

种植构树不但增加农户收入，同时也促进了农村剩余劳动力的转移。在构树苗木培育基地、制药厂、饲料加工厂、纸浆厂等领域能吸纳相当数量的当地劳动力，解决就业问题。改变了喀斯特石漠化山区的"五谷才是粮，耕地才有粮"的观念，促使退耕还林地区和喀斯特石漠化严重区农户将目光转向树林，主动参与构树的栽培和管理，将过去伐薪毁林、靠山吃山的经济模式转变为发展木本粮食、木本饲料的新模式。因此大力发展构树，不仅对保持水土、净化空气、调节气候、改善生态环境有着十分广阔的前景，还可以促进农村剩余劳动力的转移和创新农村经济发展模式。

2. 土壤的酸碱度

土壤的酸碱度对植物生长的影响也非常大。不同的植物对土壤环境的要求不同，有的植物喜欢在特定的酸性条件下生长，有的植物则容易在碱性土壤中生长，而大部分植物的生长环境接近于中性条件。因此，考察土壤的酸碱性对植物生长的影响非常重要。

盐渍土是一种在全球广泛分布的土壤类型，是一系列受盐碱作用的盐土、碱土及各种盐化、碱化土壤的总称。据联合国教科文组织（UNESCO）和联合国粮食及农业组织（FAO）不完全统计，世界盐渍土面积为 9.5438×10^8 hm^2。除南极洲尚未调查外，其余五大洲均有分布，且全球盐碱地以每年 $1.0 \times 10^6 \sim 1.5 \times 10^6$ hm^2 的速度在增长。中国现有各类盐碱地 3 300 万 hm^2，另有部分耕地面临盐碱化威胁。我国盐渍土主要集中于西部 6 省区（陕西省、甘肃省、宁夏回族自治区、青海省、内蒙古自治区和新疆维吾尔自治区），其盐渍土面积约占全国盐渍土面积的 66.6%，这些省份气候普遍干旱，地形封闭或低平，有利于盐分的上升、聚积。土壤盐碱化不仅造成资源破坏和农业生产的巨大损失，还对生物圈和生态环境构成威胁，降低地下水质量、减少生物多样性、破坏公路和建筑物的稳定性，从而对环境和经济两方面造成危害。因此，盐碱土改良势在必行。在众多盐碱土改良方法中，植物改良技术具有费用少，见效快，在大面积盐碱土获得改善的同时可获得经济效益等优点，受到了广泛关注。植物改良技术主要利用植物的生命活动使土壤积累有机质，改善土壤结构，降低地下水位，减少土壤中水分的蒸发，变蒸发为蒸腾，从而加速盐分淋洗、延缓或防止积盐返盐。利用植物技术改良盐碱土具有广阔的应用前景和研究价值。

王金山等曾选用中国科学院植物研究所培育的速生、丰产、优质、多抗的杂交构树，在拥有大面积闲置盐碱地的天津滨海新区大港油田产油区和河北唐山曹妃甸工业区进行原土种植，另以白蜡树（*Fraxinus chinensis*）为参照，发现杂交构树能够在含盐量1%以下的土壤中保持较高的成活率，能够稳定在95%以上，成活后保活程度高，与作为传统盐碱地绿化树种的白蜡类似，但在生长速度上却明显高于白蜡，是速生的盐碱地绿化树种。另外，构树具有特殊气味，以致大多数害虫不易滋生，经过近几年的调查试验，均未发现明显的病害。由于其具有良好的盐碱地适应性、生长速度快、无病虫害等特性，在盐碱地绿化工程中，可免去过多的土壤工程措施和种植后期的绿化维护管理，大大降低了绿化成本，还能较好地实现快速绿化的目的。

2010年，丁强在天津市滨海新区2 000m² 盐碱地进行速生构树引种试验，1年后统计数据，在全盐含量为0.843%、pH值为8.25的重盐地，构树成活率为79.3%；在全盐含量为0.447%、pH值为8.92的重碱地，构树成活率为93.2%；在全盐含量为0.672%、pH值为8.53的中盐中碱地，构树成活率达96.6%。其单株生物量经测定，伐倒样株去叶后重量为3.267kg；干重2.246kg，其中干芯重1.787kg，树皮重0.459kg；侧枝重1.021kg，其中枝杆芯重0.723kg，皮重0.298kg。此次构树按1m×1m的间距栽植，即每hm²可栽植10 000株。1年可得构树干17 870kg，构树枝7 230kg，构树皮7 570kg。与构树相邻种植的白蜡、国槐、毛白杨和合欢进行病虫害比较，只有构树无明显的病害、虫害，其余4种均发生了虫害，毛白杨和合欢还发生了腐烂病害。此次引种试验证明了构树不仅耐盐碱性强，而且生长迅速，单位生物量丰富，病虫害少，具有在盐碱地的绿化建设中大规模推广的条件，具有一定的社会、经济、生态效益。

3. 土壤中的化学元素

植物生长发育所需的矿质元素均是从土壤中吸收获取，以维持正常的生命活动。而目前随着人口增长、工业化不断发展，废弃物、废水及有害粉尘不断渗透入土壤，使土壤中某些重金属离子含量增加，而生长在此土壤上的植物，其根系吸收土壤中的重金属，若重金属离子在植物体内积累过多，会对植物产生毒害作用，使植物体内的代谢过程发生紊乱，直接影响植物生长发育，乃至造成植株死亡。

目前，我国土壤状况总体上不乐观，耕地土壤环境质量越来越差，部分地区土壤污染较重，在重污染的工业区和企业、大型工矿开采区以及周边地区、城市，都出现了土壤污染严重现象。一种新兴的能源节约型和生态友好型重金属污染地修复技术正广泛被采用，即植物修复技术，利用植物对污染物的转移富集、吸附固定作用，降低土壤中重金属的含量及活性。理想的重金属提取植物应具备以下特质：生长速度快、生物量大、亦繁殖、具有较深根系；耐性强，能在高重金属浓度土壤中生存良好；转运能力强，能将重金属有效地转移到植物地上部分；易收获，且收获部分有一定的经济效益。

构树抗污染性强，地上部生物量很大，能从土壤中转移大量的重金属。赖发英等研究表明构树能修复重金属污染土壤、又能恢复污染地区的生态环境和土壤微生物环境，产生良好的生态环境效益。仅 2014 年，就有多篇文献报道，构树可以作为修复铅、铬、锌、镁、锑土壤污染的绿化树种。

第三节　构树主要栽培品种

一、杂交构树 101

杂交构树 101 为多年生落叶亚乔木，在条件优良地方植株高达 10 多 m，生长环境差的地区株高 5 ～ 10m。叶大型，宽卵形，长 25 ～ 35cm，宽 20 ～ 30cm，深裂 3 ～ 5cm 或不裂，先端锐尖，基部心形，边缘有锯齿，叶面光滑无毛，三出脉；叶柄长 10 ～ 13cm。花单性，雌株；雌花聚合花序，球形，败育，不能形成种子，自然条件下萌生和根蘖无性繁殖，萌蘖能力强，耐砍伐。

经过在全国 20 多省市自治区的试验示范，可在年平均气温 10°C 以上，最低温度 −25°C 以内，年均降水量 300mm 以上，土壤含盐量 8‰以下的环境中生长，包括我国南方地区、华北、西北低海拔、东北辽宁南部等荒山、荒坡、石漠化、砂漠化、盐渍化等边际土地。

该树种具有速生、丰产、优质、多抗等优良特点。当年栽种可当年采收，一年栽种可连年收获。在耕地上种植第二年进入丰产期，每年亩产韧皮纤维可达 100～200kg，木材 1 500～2 000kg，树叶 1 200～1 500kg，与其他速生树种相比，具有很大的优势。

杂交构树叶含有丰富的植物粗蛋白，比常用的粗饲料紫花苜蓿草粉高出 30%～60%，粗脂肪与钙的含量也较高，同时中性洗涤纤维和酸性洗涤纤维含量相对较低（表 2－1），表明杂交构树 101 号树叶含有更多的营养成分，能提供更高蛋白质和能量。鲜叶可直接喂食猪、牛、羊，鸡、鸭、鹅。加工成叶粉，作为配合饲料的原料，适合于各种畜禽。

表 2－1　杂交构树 101 叶、苜蓿草粉和豆粕的常规营养成分比较（以风干物质为基础）

检验项目	杂交构树 101 叶粉（%）	苜蓿草粉（%）	豆粕（%）
粗蛋白	26.1	19.1	44.2
粗脂肪	5.22	2.3	1.9
粗灰分	15.4	7.6	6.1
有机物	84.59	92.4	93.9
水分	9.10	13.0	11.0
中性洗涤纤维	15.87	40～46	13.6
酸性洗涤纤维	12.99	31～35	9.6
钙	3.4	1.40	0.33
总磷	0.23	0.51	0.62

从氨基酸组成上来看，杂交构树 101 含较全的氨基酸，甚至有 6 种氨基酸在苜蓿和饼粕中都检测不到或含量很低。与苜蓿草粉相比，杂交构树叶除酪氨酸、色氨酸稍低外，其他氨基酸的含量都较高，尤其突出的是缬氨酸、亮氨酸、赖氨酸、苯丙氨酸（表 2－2），这与其蛋白质含量较高有关。

表 2－2　杂交构树 101 叶、苜蓿草粉、豆粕的氨基酸含量比较（以风干物质为基础）

检验项目	杂交构树 101 叶粉（%）	苜蓿草粉（%）	豆粕（%）
天门冬氨酸	1.88	—	—
苏氨酸	0.91	0.74	1.71
丝氨酸	0.90	—	—
谷氨酸	2.03	—	—
脯氨酸	1.18	—	—

（续表）

检验项目	杂交构树101叶粉（%）	苜蓿草粉（%）	豆粕（%）
甘氨酸	1.06	—	—
丙氨酸	1.13	—	—
胱氨酸	0.03	0.22	0.65
缬氨酸	1.40	0.91	2.09
蛋氨酸	0.36	0.21	0.59
异亮氨酸	0.89	0.68	1.99
亮氨酸	1.69	1.20	3.35
酪氨酸	0.32	0.58	1.47
苯丙氨酸	1.24	0.82	2.21
赖氨酸	1.25	0.82	2.68
组氨酸	0.42	0.39	1.17
精氨酸	1.00	0.78	3.38
色氨酸	0.32	0.43	0.57

杂交构树叶含有丰富的微量元素，与苜蓿草粉相比，铁、锰、锌的含量较高，而镁较低（表2-3）。可以充分利用杂交构树叶矿物质含量的特点，与其他饲料原料进行搭配，尽量减少日粮中微量元素添加剂的用量，降低成本，减少环境污染。

表2-3　杂交构树101叶、苜蓿草粉、豆粕的微量元素对比表（以风干物质为基础）

检验项目	杂交构树叶粉（mg/kg）	苜蓿草（mg/kg）	豆粕（mg/kg）
镁	62.271	3 000	2 700
钴	2.437	—	—
碘	2.512	—	—
锌	62.863	16.0	45.4
锰	50.329	30.7	27.4
铁	247.09	3.7	181
铜	8.316	9.1	23.5

从养殖结果表明，杂交构树101配制的饲料具有如下特点。

（1）绿色环保。不含农药、激素等为绿色有机饲料。

（2）适口性好。具有独特的清香味，牲畜喜吃，吃后不贪睡、肯长。

（3）利用率高。根据不同畜禽品种和生长阶段，消化吸收与转化利率有所不同，饲料消化率多数达80%以上。

（4）生长速度快。科学的配方全方位满足了畜禽的营养需要，猪吃后长势快，抗病力强，饲养周期短。

（5）猪的形态好。出栏猪形态好看、精神好、皮红毛亮、卖价高。

（6）瘦肉率高。用构树叶饲料喂养的生猪，肉质纯正、味道鲜美、回归自然品质，堪称真正的绿色食品，猪肉售价高。

杂交构树101具有很强的适应性和抗病性，可以在边际土地上规模化种植，种植过程中不用农药、化肥、除草剂，构树叶不含任何农药残毒。采用构树叶饲料饲养畜禽，不添加任何有毒有害的物质和"瘦肉精""肥猪灵"等激素物质。因此用构树叶饲料饲养的牲畜、家禽，肉质纯正、回归自然品质、味道鲜美。肉产品不含农药、激素，堪称真正的绿色食品，用构树叶发酵饲料饲养的生猪具有"农家山猪"的品质。

以此，杂交构树101在饲料、造纸、生态绿化等方面具有重要的经济和生态价值，可在我国边际土地大量种植，既能获得粗蛋白木本饲料，解决农牧争地的矛盾，帮助农户脱贫致富，还可改善贫困地区的生态环境，是一项实现"经济—生态—社会"3个效益统一的利国利民工程，被国家列入2015年构树精准扶贫工程树种。

二、杂交构树201

杂交构树201为多年生落叶乔木，植株高达10m多。根系浅，侧根发达，主干明显，枝叶繁茂，树冠开张，全株含乳汁。树皮平滑，暗灰色，有浅褐斑纹；小枝密生柔毛，单叶互生，卵形，长15～22cm，宽10～15cm，先端渐尖，基部心形，两侧常不相等，边缘具粗锯齿，变形叶，幼树常3～5深裂，大树常不分裂，表面粗糙，疏生糙毛，背面密生绒毛，基生叶脉三出，叶柄长5～12cm，密被糙毛；托叶大，卵形，狭渐尖，长2～3cm，宽1～2cm。雌株，球形头状花序，苞片棍棒状，顶端被毛，花被管状，顶端与花柱紧贴，子房卵圆形，柱头线形，被毛。聚花果球形，直径3～4cm，成熟时橙红色，肉质；小瘦果扁卵形，长约2mm，宽1.5～2mm，外果皮壳质，坚硬，内含种子1粒；种皮红棕色，种仁白色。在北京地区花期4～5月，果期7～9月。

杂交构树201属于阳性喜光树种，可在年极端低温－30℃，年降雨300mm以上，土壤盐分5‰的区域内自然生长，有很强的适应性，耐低温、干旱、瘠薄、抗污染和病虫害。具有枝叶繁茂，主干明显，树形良好，是生态园林绿化、防沙固土、水土保持的优良树种。可在我国南方地区、华北、西北低海拔、东北辽宁南部等荒山、荒坡、石漠化、砂漠化等边际土地。

该树种生长快速生丰产，耐修剪，萌芽力和分蘖力强，1年栽种可连年收割。在耕地上种植第二年进入丰产期，干物质达1 000kg/亩以上。

三、金洋构树

金洋构树是从杂交构树101叶色变异株中筛选出品种，为落叶乔木，单叶互生，有时近对生，叶卵圆至阔卵形，长8～20cm，宽6～15cm，顶端锐尖，基部圆形或近心形，边缘有粗齿，深裂3～5cm，叶柄长3～5cm，初生叶片呈淡黄色，正常叶片黄色，在强阳光照射下呈金黄色。除叶片黄色外，其他特点均保持与同类绿色类型一致。

通过无性繁殖技术，经多年子代繁殖所培育5个批苗木，亲本植株及子代植株均生长正常，叶片的特异性状保持稳定，子代保持与亲本一致性，没有返祖现象。单株植物间特异性完全一致，未发现新种病虫害，与普通原种相比，生长势一致产量略低。据5年观察，该品种构树在石灰岩石质山地和海岸难造林地通过人工客土整地，能够正常生长越冬，表现出耐瘠薄能力。可用于改造石灰岩山地侧柏纯林。该品种构树抗病抗虫能力较强，目前尚未发现病虫害。调查本地生长的构树，也没有病虫危害发生。大连地区是美国白蛾的疫区，该品种构树对美国白蛾表现出抗虫性，对大规模栽植有很重要的价值。

第三章

构树种苗繁育技术

第一节 组培育苗技术

通过芽器官培养而获得的组培容器苗，遗传性质稳定，能保持母本的优良性状。建立大量快速无性系繁育体系，进行工厂化快速繁育优质种苗，是构树优良单株的繁殖与推广应用的理想途径，具有重要实用价值。

一、培养基及培养条件

基础培养基组分为 MS（Murashige 和 Skoog，1962）培养基，碳源为3%蔗糖，支撑物为0.6%琼脂，pH 值为5.5~5.8，根据不同的培养目的加入不同种类、不同的外源植物激素。初代培养基和继代培养基 MS + KT 或 ZT 或 6 – BA 0.5~1.5mg/L + NAA 或 IAA 0.1~0.5mg/L，生根培养基 1/2 MS + NAA 或 IAA 0.1~0.5mg/L。

接种好的培养物置于培养室中培养，培养光照强度 3 000lx，培养温度（25±2）℃，光照时间 12h/d。

二、初代培养

从大田选取优良母树生长健壮、比较饱满的芽为外植体，用洗洁精泡洗干净，用自来水冲洗 30min，在无菌条件下用75%的酒精浸泡消毒 30~40s，无菌水冲洗 2~3 次，再用1%的次氯酸钠溶液消毒 8~10min 后，取出用无菌水冲洗 5~6 次。滤纸吸干后，接种于初代培养基上，培养 2~3 周后大部分都能萌发长出幼叶，继续培养 1 个月后，苗高达 1.5~3.0cm。

三、继代培养

将萌发的小苗剪成 5~10mm 长短的带叶茎段，接种在继代培养基中，培养 1 个月后每个培养物从叶腋处和基部长出 4～8 个腋芽和不定芽，按此方法每个月继代培养，分化频率为 100%，每个芽的年增殖系数理论上为 1.6×10^7 以上。

四、生根培养

当苗长到 2～4cm 时，将丛生苗切成单株，接种到生根培养基上。15d 时开始生根，再培养 1 周后，根和苗生长更加粗壮，即可出瓶炼苗。生根诱导频率为 80%～90%。

五、炼苗

当瓶苗长到 4～6 片叶、植株高约 4cm 时可出瓶移栽。将瓶苗取出，置于清水中漂洗，洗去根部的培养基后，栽植于珍珠岩的基质中。小苗移栽后要经常给叶片喷水，为保证植物恢复生长所需养分，可在小苗移栽后用无机营养液或培养基的母液进行叶面施肥，每隔 3d 1 次。若遇高温、光照强，还应搭盖遮阴网或罩薄膜。

第二节 播种育苗技术

一、采种

构树为雌雄异株，开花 4～5 月，果期 7～9 月，聚合球形，成熟时由浅绿色变为红色。成熟浆果容易破碎流出汁液，采集时将果实装入塑料袋中，集中盛于桶中放置 2d，再用木棍捣烂，加入 3 倍体积的水搅拌，过粗筛去除果托等大块杂质，种子沉入水底，经多次漂洗分离，即得纯净种子，阴干后备用。

二、苗圃准备

1. 选地

育苗地的选择是降低育苗成本和育苗成功的关键，根据构树的生物学特性，为了满足种子出土的要求，选择苗圃地必须从环境考虑，以地势高、避风向阳、排灌方便，土壤肥沃、疏松、深厚的沙质壤土为好。

2. 整地

在播种头一年秋季或冬季除去苗圃地杂草、树根、石块等杂物，深翻整细耙平。

3. 施底肥

在播种前 1 个月，每亩施优质农家肥 750kg、饼肥 100kg、复合肥 100kg，耙入土壤中。

4. 起垄

苗床南北向开厢起垄，苗床宽 1m，厢沟宽 20cm，厢沟深 20cm。苗床做好后，搭设高 1.8 米左右的遮阳网进行遮阳，要求盖遮阳网后其透光度为 30% ~ 40%。

三、播种

播种时间以春节为好，地温回升 10℃ 以上进行，每亩播种量 1 ~ 1.5kg。播种前先用水将苗床的土壤浇透，然后在苗床的表面均匀撒播种子，再覆细土 0.5cm。干旱地区苗床需盖草，保持土壤湿润，待绝大部分种子发芽出土后，揭去稻草。

四、苗期管理

1. 间苗

由于构树的幼苗分化早，个体间的差异大，苗圃地苗木株数过多，会影响苗木的根系生长，引起对地下养分的争抢，不利于苗木生长，因此要及时间苗。苗木的亩产量控制在 2.0 万株左右，以保证苗木质量（苗高约 50cm），第一次间苗在幼苗高 1 ~ 2cm 时进行，间去病弱苗，大田育苗每亩保留 2.5 万株。第二次间苗在幼苗高约 5cm 时进行，每亩保留 2 万株。

2. 浇水

构树种子在播后至出苗前这段时间，由于种子颗粒小，如要浇水必须用喷头喷雾，苗床的土壤表面，必须随时保持湿润，喷雾只能根据土壤表面的湿度来进行，以此保证出苗整齐度和提高出苗率。幼苗出土后，将水放入大田进行浸灌，每天清早 8：00 ~ 9：00 或傍晚 17：00 ~ 18：00 浇水 1 次，晴天稍多些。雨天或阴天少浇或不浇，浇水要适度，以浇透土壤为度。

3. 施肥

追肥在第二次间苗后进行，为了促进其生长，每隔 10d 喷施 1 次氮、钾肥，浓度为 0.1%，施肥要均匀，施肥在下午进行，第二天早上浇水时清洗叶面。

4. 除草

育苗地和营养杯内要保持无杂草，除草要做到"除早、除少、除了"，除草在浇水后和雨后进行。

5. 病虫害防治

病虫害防治以预防为主，播种至出苗前，每7d用杀虫剂喷洒1次，以防蚂蚁在苗床做窝和搬走种子。第二次间苗以后，每隔20d用一定浓度的杀菌剂药液喷洒叶面，每30d用杀虫剂喷洒1次，以提高苗木的抵抗力，预防病虫害。

第三节　大田扦插育苗技术

一、选圃搭棚

育苗地以地势高、排灌方便、肥沃、疏松、微酸性的壤土为好，忌用重黏土和前作物是蔬菜、花生、瓜类、马铃薯的土壤。选好的苗圃于秋季或冬季进行耕深25cm、整细、除去杂物，结合整地施生石灰30～50kg/亩或硫酸亚铁15kg/亩、碾成粉、撒在地面进行土壤消毒。如有地下害虫，再施50%辛硫磷颗粒剂2.5kg/亩（拌土施入），再复耕1次。结合开厢施优质农家肥750kg/亩、饼肥100kg/亩、复合肥100kg/亩作基肥。以120cm宽开厢（可参照遮阳网的宽度设计），南北向，厢沟宽25cm，厢沟深15～20cm，其余围沟、腰沟依次渐深。苗床上铺一层厚3cm的疏松黄心土或火烧土，苗床做好后，搭设高1.8m左右的遮阳棚，用遮阳网进行遮阳，要求盖遮阳网后其透光度为30%～40%（光照过强或过弱均严重影响成活率）。

二、插条采集与处理

插条是影响成活率和生根迟早最主要的因素，插条应选自母树中上部当年生枝条，应生长健壮、发育正常、无病虫害、木质化，应在早晨或阴天采集，采回的插条剪成5～8cm长的插穗（保留1～2个腋芽），将采集的插穗浸于1g/kg的多菌灵溶液中约30min后取出，再浸于500mg/kg的ABT2号生根粉溶液中10s待插。

三、扦插及管理

扦插时期一般为初夏，扦插按 2cm×10cm 株行距进行，插入深度为插穗长度的一半。

1. 覆膜保湿

插后及时浇透水，使插穗与土壤密接，插完一垅应及时覆膜。其方法是：用约 2cm 宽光滑竹片两头插入苗床两侧成拱型，中间高 50cm，其上覆盖透明地膜，用土压膜边，使苗床处于全封闭中。苗床上有 1 层或 2 层遮阳网，其透光率为 30%～40%，确保苗床内温度在 35℃ 以内，多数时间在 30℃ 左右，扦插苗处在高温高湿环境中，利于插穗生根。

2. 拆棚与揭膜

等插穗全部生根后（约 30d），再推迟 10～15d 揭膜。揭膜时先打开拱膜两端，让其自然通风 3d 后再揭膜。9 月上中旬，高温天气过后，及时拆除遮阳网，使苗木接受全光照。

3. 日常管理

扦插后经常查看扦插圃内土壤湿度等情况。当土壤变得干燥时，应及时揭膜喷水，同时喷药（500 倍）50% 的多菌灵液或百菌清液防病后及时密封地膜。当苗木生根、发叶后，进行土壤施肥（每隔 10d 浇施 1%～2% 的尿素液 1 次）和叶面施肥（0.3% 的尿素和 0.2% 的磷酸二氢钾液）。8 月底后，应停止施肥。

四、采穗圃病虫害防治

1. 病树春伐，摘除病芽、病叶

重病株挖除烧毁；芽枯病的枝条，刮除病斑后，涂刷 20% 的石灰水，病重树条应剪除烧毁。

2. 整理沟渠，注意排灌

旱涝均会减弱构树抗病、抗虫能力，容易发生病虫害。应及时整理沟渠以利排灌，促进构树生长，减轻病虫危害。

3. 及时采穗

有问题的枝条一律不用做穗条。采穗后的构树园及时喷药，以防止病虫害发生。此项工作可结合叶面施肥一同进行。

第四章
构树容器育苗技术

第一节　育苗基质

一、育苗基质种类

育苗基质是培养容器苗的关键，是苗木赖以生长的基础，它不仅起到支撑作用，还是苗木生长所必需的各种营养元素的载体，在容器育苗中具有十分重要的位置。基质的选择一般应具备如下条件：一是原料来源广，当地易于获取，成本较低；二是理化性能好，具有一定的保温、通气和透水性；三是弱酸性，pH 值一般在 5.5~6.5；四是低肥性，以利通过外部营养供给调节苗木生长状态，保持苗木规格的一致性；五是重量较轻，便于操作和运输；六是经过处理的基质清洁卫生，不带病原菌、虫卵和杂草种子。

育苗基质是多种基质成分或原料按照适当比例混合而成的。育苗基质种类按基质的成分、质地和单位面积的重量可分以下 3 种。

1. 重型基质

以各种营养土为主要成分的基质，其质地紧密，单位面积的重量较重。常见的基质有：黄心土、红心土、菌根土、河沙等。

2. 轻型基质

以各种有机质或其他轻体材料为主要原料的基质，其质地疏松，单位面积的重量较轻，容重在 0.02~0.8g/cm³。常用的原料有：

（1）农林废弃物类。棉秆、麦秸、玉米秸秆、麻秆、木薯秆、芦苇、葵花秆和茅草茎等。

（2）工业固体生物质废料类。食用菌废渣、中药厂药渣，糖厂蔗渣等。

（3）工矿企业膨化的轻体废料。珍珠岩、蛭石、煤渣、炉渣、粉煤灰、岩棉渣等。

（4）天然沉积物。泥炭。

3. 半轻型基质

营养土和各种有机质各占一定比例的基质，其质地重量介于重型基质和轻型基质之间。目前轻型基质和半轻型基质的应用越来越多。

二、育苗基质主要成分简介

1. 泥炭

泥炭，又称草炭或泥煤，是沼泽环境条件下形成的特有产物，是一种有机质含量超过 50% 的天然有机物。泥炭呈淡棕褐色至棕色，含氮量为 0.6%～1.4%，降解缓慢。泥炭持水性强，可达 60%。泥炭带菌少，容重小，缓冲性极强。泥炭的酸性较强，在使用时可根据实际情况加入适量的石灰（9～10kg/m³）以调整泥炭的 pH 值。

2. 蛭石

蛭石是由黑云母、金云母、绿泥石等矿物风化或热液蚀变而来。育苗用蛭石均为膨胀蛭石，它是经过高温灼烧，体积增大 6～15 倍而形成的。育苗用蛭石，其主要作用是增加基质的通气性和保水性。但因其易碎，随着使用时间的延长，容易使介质致密而失去通气性和保水性，所以粗的蛭石比细的使用时间长，且效果好。

3. 珍珠岩

珍珠岩是由灰色火山岩加热至 1 000℃ 时，岩石颗粒经膨化而成的。它是一种封闭的轻质团聚体，容重 0.03～0.16g/cm³，通气孔隙 53%，持水容积约 40%，pH 值为 7.0～7.5。珍珠岩没有吸收性能，珍珠岩中的矿质成分植物不能吸收利用。

4. 炭化稻壳

炭化稻壳是指稻壳经过加热至其着火点温度以下，使其不充分燃烧而形成的半炭化物质。一般容重为 0.15～0.24g/cm³，总孔隙度 82.5%（大 57.5%，小 25%），质轻，透气、吸湿性适中。炭化稻壳能增加钾素，使土壤疏松、透气、颜色变深，促进太阳热能吸收，提高土温，其含量可占育苗基质含量的 20%～30%。

三、育苗基质消毒

（一）化学制剂消毒

为预防病虫害的发生，基质在装入容器前，可结合基质各成分混合过程，加入杀菌杀虫剂进行消毒。

1. 化学制剂主要的使用方法

（1）喷淋或浇灌法。将药剂用清水稀释成一定浓度，用喷雾器喷淋于基质表层，或直接灌到土壤中，使药液渗入基质深层，杀死土中病菌。

（2）毒土法。是将药剂配成毒土，然后施用。毒土的配制方法是将农药（乳油、可湿性粉剂）与具有一定湿度的细土按比例混匀制成。

（3）熏蒸法。利用注射器或消毒机将熏蒸剂均匀注入基质中，在基质表面盖上薄膜等覆盖物，在密闭或半密闭的状态下使熏蒸剂的有毒气体在基质中扩散，杀死病菌。

2. 药剂浓度的说明

正确和准确掌握药剂的浓度，才能充分发挥药剂的效能，避免人、畜中毒事故和植物药害，减少对环境的污染。药剂浓度的表示方法，通常有百分比浓度、百万分比浓度（$\times 10^{-6}$）和倍数法3种。

（1）百分比浓度。表示100份药液或药剂中，含有效成分的份数，用符号表示是"%"。

（2）百万分比浓度。表示100万份药液或药粉中，含有这种药剂的有效成分的份数，以$\times 10^{-6}$表示。一般指每t水或土中所含的克数或每升水或千克土中所含的毫克数（mg/kg）。常用于使用的浓度低且量少的农药，如ABT生根粉200×10^{-6}液，即表示100万份这种溶液中含有200份有效成分的ABT生根粉。

（3）倍数法。在液剂或粉剂中，稀释剂（水或填充剂）的量为原药或原药加剂型的多少倍。如10%氯氰菊酯乳油3 000～4 000倍液，表示用10%的乳油1份，加水3 000～4 000份稀释后的药液。倍数法并不能直接反映出药剂有效成分的稀释倍数，但应用起来很方便。在配农药时，如果未注明按容量稀释，均系按重量计算。

3. 常用的基质消毒药剂及使用方法

（1）福尔马林（40%工业用）。灭菌用1∶50（潮湿土壤）或1∶100（干燥土壤）药液喷洒至基质含水量60%状态即可。搅拌均匀后用不透气的材料覆盖 3 ~ 5d，撤除覆盖翻拌无气味后即可使用。

（2）硫酸亚铁（3%工业用）。硫酸亚铁不仅可以用作杀菌剂，还可以改良碱性土壤。每立方米基质用硫酸亚铁药液 0.5kg，翻拌均匀后，用不透气的材料覆盖 24h 以上，或翻拌均匀后装入容器，在圃地薄膜覆盖 7 ~ 10d 即可播种或扦插。

（3）代森锌。一种广谱性有机硫杀菌剂，可防治由真菌引起的多种病害如叶斑病、黑斑病、褐斑病、炭疽病、锈病等，对白粉病防治效果差。在病害发生初期使用，防治效果较好。代森锌经日光照射及吸收空气中的水分后分解，有效期短，仅 7d 左右，因而要连续多次施药，方能收到好的效果。每立方米基质用药量 10 ~ 12g，药剂与基质混拌均匀即可。

（4）高锰酸钾。一种广谱型杀菌剂，遇基质作用即释放出新生态氧而且起到杀灭细菌作用，杀菌力极强，但极易为基质所减弱，而且由于高锰酸钾分解放出氧气的速度慢，浸泡时间一定要达到 5min 以上才能有效杀死细菌。配制好的水溶液应当尽快使用，当溶液变成褐紫色时则消毒作用减弱。高锰酸钾的常用浓度为 0.3% ~ 0.5%。

（5）多菌灵。一种高效低毒广谱内吸型杀菌剂，干扰菌丝体有丝分裂中纺锤体的形成，阻止细胞分裂，并具有保护、治疗作用及杀螨作用。多菌灵能通过植物叶片和种子渗入植物体内，耐雨水冲洗，有效期长。叶面喷雾有效期长达 10 ~ 15d，在多雨条件下最短也能维持 7d。

（6）甲基托布津。一种内吸型广谱杀菌剂，能防治多种真菌，主要是使病菌孢子萌发异常，从而达到杀菌目的。甲基托布津的常用剂型为 70% 的可湿性粉剂，使用浓度为 1 000 ~ 2 000倍液。甲基托布津不能与铜制剂混用，在阴凉、遮光下保存。

（7）辛硫磷（50%）。一种高效低毒低残留的杀虫剂，主要是起触杀和胃毒作用，无内吸作用，但有一定的熏蒸作用和渗透性。对害虫击倒快，残效期短。杀虫谱广，可用于防治鳞翅目、双翅目、同翅目害虫和害螨。杀虫机理是抑制胆碱酯酶的活性，使害虫中毒死亡。每立方米基质用药量 10 ~ 15g，基质与药剂混合均匀后，用不透气材料覆盖 2 ~ 3d。辛硫磷容易光解，宜在阴天和傍晚使用，无光条件下稳定，药效可达 1 ~ 2 个月；叶面喷雾有效期仅 2 ~ 3d，对虫卵有杀伤力。

（二）高温消毒

1. 太阳能消毒

在温室大棚内，将基质摊好，利用 7 ~ 8 月的高温天气，用透明吸热薄膜覆盖好,此时基质温度可升至 50～60℃,密闭 15～20d,可杀死基质中的各种病菌。小面积地块,可将配制好的基质放在清洁的混凝土地面上、木板上或铁皮上,薄薄平摊,曝晒 3～15d,也可杀死大量病菌孢子、菌丝和害虫卵、害虫、线虫。

2. 蒸汽热消毒

用蒸汽锅炉加热,通过导管把蒸汽热能通到基质中,使基质温度升高,杀死病原菌,以达到防治基质传播病害的目的。这种消毒方法要求设备比较复杂,只适合经济价值较高的幼苗在苗床上小面积施用。

3. 水煮消毒

把基质倒入锅内,加水煮开 30～60min,然后滤去水分晾干到适当湿度即可。此法只适合经济价值较高的幼苗在苗床上小面积施用。

4. 燃烧法

在露地苗床上,将干柴草平铺在田面上点燃,这样不但可以消灭表土中的病菌、害虫和虫卵,翻耕后还能增加一部分钾肥。

四、育苗基质的理化性质

生长在容器基质上的林木获得养分供应是在有限体积中获得的,而且容易遭受恶劣环境的影响,为保证林木的正常生长,育苗基质的理化性质和生物稳定性都要满足一定的要求。

(一) 基质的物理性质

基质结构决定基质水分养分吸附性能和空气的含量,从而影响水分养分的供应、吸收甚至运输。同时基质的结构对根系的生长也有很大的影响。目前认为基质的颗粒大小、形状、容重、总孔隙度、大小孔隙比等是几个重要的物理指标。

1. 容重

容重是在自然状态下,单位容积基质的干重。容重可以反映基质疏松透实的程度,它与基质的粒径、总孔隙度有关。凡总孔隙度小、比重大,其容重就大;反之,其容重就小。一般育苗基质的容重以 0.2～0.8g/cm³ 为好,既能固定根系,形成根团,又适于苗木的培育和长途运输。

2. 总孔隙度

总孔隙度是指基质中持水孔隙和通气孔隙的总和,总孔隙度(%)=

（1－容重/比重）×100%。适宜育苗基质的总孔隙度一般在60%～90%，持水量要大于150%。

3. 气水比

通气孔隙与持水孔隙的比值称为气水比，通常用1kPa时的气/水的比率来表示，可通过测定通气孔隙（大孔隙）与持水孔隙（小孔隙）的比例而得，大小孔隙比在1∶1.5～1∶4时林木均能生长良好。

4. 缓冲能力

缓冲作用可以使根系生长的环境比较稳定，即当外来物质或根系本身新陈代谢过程中产生一些有害物质为害林木根系时，基质可以减弱或化解这些危害，维持林木的正常生长。具有物理化学吸收功能的固体基质都有一定的缓冲作用。在无土育苗时，常常会由于营养液中使用了较多的生理酸性盐，造成氢离子浓度过高，使得林木在生长过程中吸收了过多的酸性物质，殃及了自身的生长，具有物理化学吸收功能的基质可以将这些有害的活性酸钝化而消除其危害性。一般来讲，有机基质比无机基质具有更大的缓冲能力。

5. 不同颗粒粒径配比

对基质的物理性质有显著影响。随着基质颗粒中小颗粒的逐渐增加，基质的容重增大。单一成分的基质，颗粒均匀，孔隙也均一，缺少差异性，持水性和通气性的矛盾不易调节，而复合基质则能利用不同成分理化性质的特点达到结构和性能的优化。

6. 基质的持水性

基质的颗粒度对持水性存在一定的相关性，大的颗粒比表面积小，持水性较差，而细小的颗粒比表面积大，颗粒之间可以形成毛细管，从而保持更多的水分。

7. 基质的导热性

基质的热性质包括热容量、导热率和导温率。研究结果表明，基质导温率越大，则昼夜和年的温度变化所能达到的深度就越大，即温度能传到较深基质层中；地面热容量越大，则昼夜或热冷季的温度变化较缓和，对一般林木的生长、发育和开花较为有利。

（二）基质的化学性质

在育苗过程中，由于灌溉施肥等栽培措施的应用，基质会发生一系列显著或不显著的化学变化。若基质中施入的可溶性盐水平太低，幼苗的营养生长不充分；若基质中施入的可溶性盐水平太高，幼苗会长得过快。若基质中施入的可溶性盐的水平继续升高，将抑制根的生长，进而影响整个植物的生长。反映基质化学性质的主要指标如下：

1. pH 值

基质的 pH 值与林木的生长存在交互作用，一方面 pH 值影响着营养成分的形态、溶解度和有效性。另一方面不同林木对 pH 值的适应性不同，分为喜酸的、喜碱的、中性的植物类型。一般来说，基质的 pH 值应在 5.5 ~ 7.5。基质装容器前，如果 pH 值偏低，可加入石灰或在施用基肥时添加一定量的碱性肥料；pH 值偏高，一般可添加含 P 的酸性肥料。

2. EC 值

反映基质中原来带有的可溶性盐分的多少，将直接影响到营养液的平衡和幼苗生长状况。EC 值取决于根系周围的盐浓度，这个浓度可用 g/L 或电导度（EC）来表示，这个性质还受基质自身的营养数量、状况、阳离子交换能力、栽培植物对养分需要量的大小、吸收养分的能力等影响。

因为容器苗的基质在一个相对封闭的空间，通过施肥和灌溉补充养分，离子态的盐分不易扩散到容器外，容易造成盐分聚集相对集中，浓度过高，从而可能对林木生长造成一定程度的伤害。因而容器育苗应选择电导率较低基质成分、肥料和灌溉用水，并在育苗过程进行监测，注意盐分的动态变化。

3. 阳离子交换性能

阳离子代换量（CEC）以 1 000g 基质代换吸收阳离子的厘摩尔数（cmol/kg）来表示。这个能力主要由矿物黏粒和有机质表面所携带的阳离子数量决定，它决定着基质保持和供应养分的能力、基质对酸和碱的缓冲性能等。CEC 值越大，其保持和供应养分的能力、基质对酸和碱的缓冲性能就越大。

4. 养分与水质对基质的化学性质的影响

水的质量主要有 3 个方面：碱度、可溶性盐或电导率和水中的养分。①碱度可衡量水的缓冲能力，灌溉水的碱度越大，就会有更多的重碳酸盐消耗基质中的氢离子，导致基质中的 pH 值越来越高。克服的办法可用酸性物质来中和含碱度高的灌溉水；②水中可溶性盐的含量不应超过 0.75mmhos/cm，若可溶性盐过量积累会阻止根的发育，导致烂根；③还应该考虑水中的养分含量。

（三）基质的生物学稳定性

基质的稳定性主要受 C/N 比的控制，因而可用 C/N 比来估测基质的稳定性。C/N 小的有机基质分解慢、稳定性高，反之亦然。但仅知道 C/N 比是不够的，还必须考虑有机质的化学组成。如木质素、胡敏酸类含量高的则分解较慢，而纤维素和半纤维素含量高的则分解较快。法国的研究机构采用了基质中有机组分的稳定性生物化学指标来评价基质的稳定性。泥炭的稳定性 70% ~ 100%，针叶树皮 65% ~ 100%，落叶树皮 50% ~ 100%，木屑 10% ~ 40%，农业废弃物 15% ~ 50%，城市垃圾肥 15% ~ 65%，秸秆 5% ~ 35%。

五、基质配比原则及常用基质配方

基质遵循一定的配比原则且有通行的配方，但各地进行容器苗生产的条件不同，应根据当地所培育的树种、可供利用基质成分、育苗成本等实际情况，筛选出经济实用和性能良好的育苗基质。优良基质应是适合本地区的，在育苗实践中得到验证的，而且在物理性状、酸碱度、营养成分、微生物种群和数量等方面经检测达到一定标准的基质。

（一）基质配比原则

基质配比主要考虑以下 3 个方面：一是具有一定大小的固形物质。基质颗粒大小会影响容量、孔隙度、空气和水的含量。二是具有良好的物理性质。基质必须疏松，保水保肥又透气，通过不同的基质成分进行调节。三是具有稳定的化学性状，本身不含有害成分，不使基质养分发生变化。因而一些原料不宜直接使用，需要经过处理才行，如炭化稻壳。

此外，基质配比应该依据环境气候因子有所变化，冬季与初春育苗由于低温、空气湿度低，苗木浇水量少，需要考虑基质的保温；夏季育苗空气湿度高，降温和保湿喷水量大，一般要求基质透水透气性更高些。

（二）常用育苗基质配比

1. 国外常用基质配方

（1）泥炭和蛭石的配比。泥炭和蛭石的常用配比为 1 : 1；3 : 1；3 : 2。

（2）泥炭、蛭石和表土的配比。泥炭、蛭石和表土常用的配比为 1 : 1 : 2。

（3）泥炭和树皮。泥炭和树皮常用的配比为 1 : 1，并加入少量氮肥。

（4）泥炭和珍珠岩的配比。泥炭和珍珠岩常用的配比为 1 : 1；7 : 3。

（5）烧土、堆肥及其他混合物的配比。烧土和堆肥常用的配比为3∶1；烧土、堆肥和锯末熏炭常用的配比为1∶1∶1。

2. 国内常用基质配方

国内常用的基质除泥炭、蛭石和珍珠岩外，各地还根据自己的资源状况，常常采用适合本地区廉价易得的基质原料，如森林表土、草皮土、火烧土、黄心土和各种肥料等。

（1）以森林表土为主要成分的配比。森林表土、泥炭和厩肥常用配比为2∶1∶1。

（2）以黄心土为主要成分的配比。黄心土、沙子和磷肥常用配比为6∶3∶1。

（3）以火烧土为主要成分的配比。火烧土、黄心土和过磷酸钙的常用配比为49∶49∶2。

第二节　育苗容器

育苗容器直接关系到林木根系的走向和分布，对林木生长发育的影响很大。在容器育苗生产中，应根据具体情况（育苗树种、育苗期限、苗木规格及造林标准等），选择不同种类、形状和规格的容器。一般来说，育苗容器应具备两方面的条件：一是容器本身的优良特性，包括制作材料来源广，加工容易，成本低廉，操作使用方便，保水性能好，材质轻，有一定的强度，管理和装运不易破碎等；二是满足林木的生物学要求，有利于苗木生长发育。育苗容器的选择应与育苗基质的选择协调一致。

一、育苗容器的种类

一般根据容器的材料、硬度和降解性等特征，可分别对育苗容器进行分类。这里针对构树育苗的实际情况，依据容器与基质是否分离进行分类，各类容器特点和使用情况如下。

（一）具外壁容器

容器与基质分离，容器内盛培养基质，如育苗钵（单穴的）、育苗盘（多穴的）、育苗箱等。此类容器一般由聚乙烯、聚氯乙烯、聚苯乙烯等材料制作而成，主要有硬质塑料容器和软质塑料容器两种。硬质塑料容器培育的苗木规格一般大于软质塑料容器培育的苗木。

硬质塑料容器苗造林时须将容器脱掉，将苗木与基质一起栽入土壤中，容器则可多次使用。软质塑料容器苗造林时可根据实际情况，既可将容器脱掉，只将苗木与基质一起栽入土中，也可将容器连同基质、苗木一并栽入土中。如果容器底部排水孔口不够大时，入土前可将孔口撕的大一些，或将侧边划开，露出基质。

（二）无外壁容器

容器与基质不分离，容器与基质实为一体。常见的容器有2种：一种是无纺布控根容器或称网袋容器，主要用于林业种苗培育；另一种是压缩型营养块，主要用于蔬菜、花卉、棉花、药材等种苗培育。两者都是容器育苗技术发展过程中出现的新型容器，是新品种扩繁和精细育苗的重要利器，特别适用于当年育苗、当年出圃的苗木生产。该生产过程能充分体现出集约、快捷和高效的现代农林业育苗特点。

1. 无纺布控根容器

是由无纺布材料、轻型基质通过机械热压而制成的。无纺布属非织造布，是一种不需要纺纱织布而形成的织物，只是将纺织短纤维或者长丝进行定向或随机排列，形成的纤网结构。无纺布的生产过程比传统的纺织工艺过程简单，生产速度快、产量高、生产成本大幅度降低。

轻基质无纺布控根容器机主要由无纺布材料系统、轻基质输送系统、和无纺布成型器系统组成；无纺布材料系统主要是无纺布卷与导向轮连接组成，且带状无纺布材料继续与齿状热压板、出料管接触；轻基质输送系统主要是料斗、出料管、调解跑偏整形轮、导向轮、提升机组顺序连接；无纺布成型器系统主要由电机、机械传动转换装置和续振热压板的顺序连接，在上述系统可将包被材料通过续振热压板，热压封合成圆筒状容器袋，机器中的变径螺杆不停地旋转、将基质送到封合的无纺布袋里，采用快速振动、瞬间重复热压封合，保证了容器连续生产。

无纺布控根容器呈圆筒状、无底，育苗时需要借助托盘或专用穴盘或控根容器盛装。无纺布控根容器直径一般不超过6cm，长度在10cm以内。超出这个范围，会在一定程度上影响根系抱团，延长苗木留圃时间，提高育苗的成本。

2. 压缩型营养块

是以泥炭为主要原料，经过风干、粉碎、分选、调节酸碱平衡等无害化处理过程，再添加适当的营养成分和调节剂后，进入压缩机定向压制成而成的。制成的压缩型营养块呈扁圆形，外带丝网或无网，中间一般留有种植孔或无孔，用于后期的播种或扦插育苗。它集基质、肥料、消毒、容器等功能于一体，简化了育苗过程的许多环节。使用时让其吸水膨大，体积可达到膨大前的 7 倍以上，形成的圆柱状营养体可为种苗提供最佳的生长条件。苗期管理重点做好水分、温度管理，无需施肥，育成的幼苗健壮整齐，病害发生少，定植后无需缓苗。

二、无外壁容器苗的特点

（一）空气断根，成活率高

无纺布控根容器苗经过空气断根处理，根系十分发达，各级侧根的根量显著增加，形成密集的根团，且呈毛刷状分布，一旦这样的苗木下地，根系就会穿过容器侧壁，进入相邻的土壤中，充分吸收和利用外源的水分和营养，因而能极大地提高造林成活率，缩短或没有缓苗期，为苗木后续生长打下基础。

（二）节省空间，管理方便

待出圃或已运至造林地的容器苗，可紧密平放，也可装入塑料箱后垂直摆放，节省占地空间，降低管理强度；因各个容器壁通透性好，摆在一起的容器实为一个整体，苗木间水分可相互利用，具有一定程度的缓冲效果，增强了对水分缺失或浇水不匀的抵抗力。

（三）不易散坨，操作简便

育成的轻基质无纺布控根容器苗，其容器、基质和苗木根系已融为一体，重量轻且富有弹性，在装苗、运输和造林操作过程中不易发生散坨现象，大大减少了无谓的损耗，提高了工作效率。

（四）改良土壤，绿色环保

无土轻型基质可增加土壤腐殖质含量，提高土壤肥力，增强苗木抗逆性。无纺布材料入土后离散成纤维丝状不阻碍根系生长，且自然降解不留残迹，对环境不产生污染。

第三节 育苗设施

林木的生长和繁殖离不开外界环境，然而在很多情况下，林木生长和繁殖对外界环境的要求不尽一致，因而需要不同的育苗设施改变光热气等外部条件，营造适宜林木生长和繁殖的局部环境，从而达到提高林木的繁殖系数、延长生长时间、加大生长量、促进林木正常生长发育的目的。不同的育苗设施的功能基本一致，也不外乎是利用自然能源的或消耗自然能源的两种运行方式，但环境控制的能力、技术的先进性、操作的自动化程度、建造材料和成本等方面相差很大，各地应结合当地的实际情况和财力状况等多种因素进行考虑，选用适当的育苗设施。育苗设施先进性的差异是客观存在的，但重要的是选择适合自己的育苗设施，能够更好地完成指定的育苗任务。

一、现代化温室育苗

现代化温室是设施育苗发展到一个新阶段的科技产物，它集合了整个育苗过程科技成果之大成，涵盖了建筑、材料、机械、自动控制、品种、栽培和管理等多种学科，尤其是计算机技术的引入和应用，在很大程度上改变了传统的育苗方式和思维模式，极大提升了育苗现代化、产业化和集约化的经营水平，为实现工厂化育苗的可持续发展提供了强有力的支持，成为现代林业高新技术示范区不可缺少的组成部分。

（一）现代化温室的种类

现代化温室主体多采用热浸镀锌钢制骨架或铝合金材料，一般由单体温室经串联式拼接而成为连栋温室。根据温室的覆盖材料，大致可分为3种类型，分别为：玻璃温室、PC温室和薄膜温室。

（二）现代化温室的特点

现代化温室可控性强，无论是正常季节拟或反季节，都能为植物创造较为适宜的生长环境，因而在很大的程度上改变了植物生长的节律，延长了植物生长时间，避免了不利天气对植物的影响，同时栽培管理措施的定量化、规范化和及时到位，使植物可以长期处在良好的生长状态，能够充分发挥其本身的生长潜力，使得现代化温室表现出十分明显的高投入高产出的特性。

现代化温室是一个相对封闭的受控环境，其室内环境可以通过各项调控措施的落实，如加温、降温、通风、遮荫，维持与林木培育相适宜的局部环境，而不随一年四季气候的变化而发生变化。然而在采取多种调控措施并保证其正常运转过程中，能源消耗高、运行费用高、生产成本高，这"三高"成为制约现代化温室发展的瓶颈。据联合国统计全世界一年农业生产中的耗能量有35%用于温室的加温，能源消耗的费用占温室作物生产总费用的

15% ~ 40%。

（三）环境因子的控制

环境控制是现代化温室的关键技术。它是利用计算机技术和现代控制理论，通过传感器采集环境数据，包括温度、光照、湿度等，监控系统实时监测环境的动态变化，并与温室苗木生长设定的环境参数比对，从而发出相应的操作指令，指导温室的控制系统进行加热、降温和通风等动作。

不同的苗木种类设定的环境参数不同，同一种类的苗木的环境参数是否设定为最佳状态，需要准确了解苗木生长的内在规律和特性，只有在此基础之上才能发挥现代化温室的整体优势，体现现代化温室的价值。

二、全光照弥雾扦插育苗

（一）全光照弥雾扦插原理

全光照弥雾扦插是利用一定长度的带叶的植株茎段进行嫩枝扦插育苗的。在自然状态下，离体的插穗由于脱离母体，丧失吸收功能，容易造成水分失衡，如果不能得到水分的及时补充会出现叶片枯萎甚至插穗死亡。全光照弥雾扦插设施提供的持续不断的、间隙式的雾化水分供应，可在一定时间内保证和维持插穗的健康状态。

在这种人为控制的适宜的环境下，带叶的插穗在阳光的照射下能够进行正常的光合作用，并产生内源激素等光合产物，刺激植物发生一系列新陈代谢等活动，经过一段时间后，插穗基部诱导和形成根原基，并产生新根，从而成为一个完整的植株。

（二）全光照弥雾扦插设施的修建与安装

1. 苗床准备

苗床宜选在地势平坦开阔，四周无树木房屋遮挡，排水良好的地方。地面用砖铺平，一般不用水泥，以利渗水。苗床呈圆形，容器摆放有坐地式的和架空式的两种，以架空式苗床为好。

2. 机座安装

全光雾扦插设备的机座固定在插床圆心的水泥基础上，两臂喷雾管用等长的细钢索斜拉吊起，处于水平位置。机座上的两臂水平的喷水管应高出插床上的扦插苗顶端 5 ~ 10cm。

3. 水池的修建

全光雾扦插配备的水池一般不小于 $2m \times 2m \times 2m$ 容积，水池高于地面部分不超过20cm，盖严不透光。潜水泵悬挂水池中部，从水泵接出的输水管到喷雾机的进口，高度应逐渐升高，便于停喷后水管里产生一个负压，使双悬臂管里存水快速流回水池里。

4. 过滤设备的安装

由于全光雾扦插使用的喷头孔口直径比较小，水源中的不溶杂质极有可能引起喷头的堵塞，因而对水质要求较高。为了使双臂上的喷头都能正常工作，灌溉用水最好先经过滤器过滤后，再进入灌溉管道系统。

5. 叶面水分控制仪

由两部分控制系统组成，一是叶面水分传感器控制部分，另一部分是时间间歇自动控制。叶面水分传感器用于检测叶片表面湿度或水分蒸发情况，当叶面水分蒸发至一定程度，控制仪供电启动微喷雾机械自动向叶片上喷雾，当叶面上喷有一层水膜后，传感器和控制仪自动切断微喷雾机械电源，喷雾停止。

三、大棚套小棚扦插育苗

大棚套小棚是指大棚内再搭建小拱棚，实行双棚育苗，这里的大棚可以是日光温室，也可以是塑料大棚，大棚的走向以东西向为主，以便更好地利用光能。大棚套小棚是通过不同规格棚膜的简单组合，更好地控制扦插环境的温湿度，为育苗创造适宜的条件。

(一) 日光温室

日光温室是在北方地区林业生产上应用较多的温室类型，一般三面为墙体，向阳的一面为塑料薄膜或玻璃等覆盖材料。由于建造成本低，基本不消耗能源或消耗能源较少，运行和维护成本相对较低，实用性较强，有较高的产投比。

(二) 塑料大棚

塑料大棚通常是指四周无墙体设施，占地面积宽6m以上，长30m以上，高1.8m以上的塑料棚。其形状有一面坡和两面坡两种。常用的大棚有竹木大棚、水泥棚、钢管大棚和混合结构大棚。

（三）大棚内小拱棚的搭建

大棚内的小拱棚一般由若干个相互平行的小拱棚组成，每个小拱棚的走向可与大棚走向平行，也可与大棚走向垂直。小拱棚的大小根据棚内穴盘、托盘的摆放和容器规格而定，一般小棚高 80cm、小棚宽 120cm。

四、塑料小拱棚扦插育苗

塑料小拱棚是全国各地普通应用的简易的育苗设施，主要用于春提早、秋延后及防雨栽培。塑料小拱棚体积小，结构简单，取材方便，多用轻型材料建造，如细竹竿、毛竹片、荆条、杨柳条、轻型钢材等。塑料小拱棚可看作塑料大棚的缩小，一般仅作为临时性或季节性使用，随育苗任务结束而结束。

第四节　容器苗培育的肥水管理

一、容器苗水分管理

容器苗水分管理主要根据树种种类、生长环境、容器规格和林木生长的阶段等多种因素确定，应注重和保证浇水的数量和质量。

（一）播种苗的浇水

容器苗的生长过程是从播种开始一直到苗木出圃，整个过程一般分为 4 个阶段。每个阶段对水分的要求不同，可根据苗木的形态和生长状态等特征合理安排浇水工作。具体如下。

1. 从播种到胚根出现

这一阶段种子发芽需要大量的水分和氧气，应增加浇水的次数，少量多次，保持苗床和容器基质的湿润。

2. 胚根出现到子叶展开

这一阶段根际对氧气的需求增加，因此要注意减少水分，增加基质的透气性。

3. 真叶出现到真叶陆续长出

这个阶段种子发芽过程结束，叶和根开始活跃生长。该阶段浇水应量多次少，浇水即要浇透，基质的干湿呈现明显变化。

4. 幼苗长成直至达到出圃标准

幼苗生长良好，对生长环境具有一定的抵抗力，能够忍耐一定程度的干旱，此时浇水间隔可适当拉长，有时直到萎蔫才浇水。这种浇水方法，俗称见干见湿浇水法或"蹲苗"，可以有效促使苗木的根系生长。

（二）扦插苗的浇水

扦插苗在生根的过程中，根据枝条形态特征的变化可分为不同的阶段，以微喷扦插育苗为例，扦插苗浇水大致可分为4个阶段。各阶段喷水或喷雾的用水量不同，但总体上说，用水量是逐步减少的。

1. 扦插到愈伤组织形成

插穗离开母体极易失水，发生萎蔫甚至死亡，需要不时的供水才能保证体内水分平衡，保持枝叶挺立。这一阶段的用水量最为集中，作到叶片湿润而基质相对干燥是提高扦插成活的关键措施之一。

2. 愈伤组织到生根

插穗已经适应一段时间，对外界环境的变化明显强于第一阶段，此时新叶已出现，且有生根迹象，这一阶段可适当减少水分的补充。

3. 苗木正常生长直至苗木达到出圃标准

插穗形成一个完整的个体，新根逐渐取代插穗切口和叶片对水分的吸收作用，成为主要的吸收器官，而且对水分的利用效率有很大提高，使得苗木维系其生长对水分的需求不如以前那样苛刻。

4. 苗木出圃前，控制水分的过多摄入

创造接近自然条件下的生长条件，有利于提高苗木移栽的成活率。

二、容器苗施肥管理

容器苗无论播种苗还是扦插苗，使用的基质一般都是无肥或低肥的，起初主要起着支持和固定的作用，这对早期苗木的生根和发芽是有利的，但随着苗木根系的出现，基质原先的肥力已远远不够，需要及时施肥补充养分。

如果育苗密度较大，苗木育成后不在苗床上过长停留，就要移栽出去，主要行叶面施肥即可。具体方法参照叶面施肥有关章节；而育苗密度不大，留床时间长，一定要进行基质或土壤施肥，以增加基质中养分，满足苗木健壮生长的要求。容器播种苗和扦插苗在培育方法和生长过程有所不同，它们的施肥措施也不尽相同，现将两种苗木的施肥方法分别简述如下：

（一）播种苗施肥

容器播种苗的生长是从播种开始到苗木出圃结束，整个过程一般分为4个阶段。根据不同阶段苗木形态和生长状态，采取不同的施肥方法。

1. 从播种到胚根出现

这一阶段幼苗为自养阶段，主要依靠种子贮存的养分进行生长。影响种子和出苗的外界因素是土壤湿度、温度和通气性。如果基质中已含有初始养分，一般不施肥，但是由于浇水较多和淋溶的影响，初始养分通常不会持续很久。对于一些初始养分很低或基本没有养分的基质，一旦种子萌发，就要开始施肥。选用铵态氮含量低的肥料，以氮浓度 25～50mg/kg 为宜。

2. 从胚根出现到子叶展开

这个阶段是植物自养阶段结束，异养阶段的开始。在此阶段，由于苗木完成萌发时湿度水平较高，如果再得到了所需的肥料，苗木易徒长。每周可施用含 50～75mg/kg 氮肥 1～2 次。为防止徒长，可增加磷肥或复混肥的施入。

3. 真叶出现到真叶陆续长出

这个阶段幼苗已完全能够进行光合作用和吸收基质营养进行生长活动。从形态上看，幼苗已出现真叶，叶面积增大，叶量增多；地下部分已生出侧根而且生长加快。此时影响苗木生长的外界因素是养分、水分、热量和光照。可结合浇水进行施肥，以氮肥和磷肥为主，每周施入氮肥 100～150mg/kg 1～2 次或者施入复混肥，选择根部施肥和叶面施肥两种方式均可。

4. 幼苗长成直至达到出圃标准

这个阶段苗木地上部分发育充分，地下主根加深，侧根庞大，苗木生长加快。此时气温高、光照充足，只要水分和养分供应及时，幼苗光合作用旺盛，干物质积累快。施肥以根部施肥为主，应使用含氮量 100～150mg/kg 的高硝态肥料，进行足量追肥。

（二）扦插苗施肥

扦插生根是一个渐进的过程，根据枝条形态特征的变化可分为不同的阶段，以嫩枝扦插育苗为例，可分为 3 个阶段。扦插苗施肥的应根据不同阶段酌情进行。

1. 扦插到愈伤组织形成

这一阶段，根系还未形成，不具备正常的吸收功能，主要由叶片暂时执行该项功能。枝条通过叶片获取养分，保持叶片的鲜绿，以增强光合作用的效能，促进光合产物和内源激素的产生，提高扦插生根率。此时可喷布ABT生根粉、0.1%~0.2%尿素或其他调节型叶面肥。

2. 愈伤组织到生根

这一段阶段，一些插穗新叶已出现，叶面积增大，光合作用加强且有生根迹象，可继续进行叶面施肥。

3. 苗木正常生长直至苗木达到出圃标准

插穗形成一个完整的个体，新根取代叶片开始发挥对营养成分的主要吸收作用。此时施肥的方式由叶面施肥调整为以根部施肥为主的间有叶面施肥的施肥方式。

4. 苗木长根后，还可根据苗木生长需要和培育的目的有针对性的施肥

要促进营养生长，应使用含铵态氮较多的肥料；要促进生殖生长，应多施硝酸钾和硝酸钙，不要施用铵态氮。要使植株长得快，应施铵态氮和磷；要使植株健壮，应施硝酸钙和硝酸钾；要促进茎叶生长，应施用铵态氮、硝酸钾、磷和镁的肥料。要促进根系生长，应施用含硝酸钙、硝酸钾、镁和磷的肥料。

（三）叶面施肥

植物通过根系表面可以吸收土壤中或营养液中的营养，供给作物的生长和发育。同样植物的茎、叶表面也可以吸收喷洒在其表面的营养。这种向植物根系以外的营养体表面施用肥料的措施叫做根外施肥，也称叶面施肥。用于根际施肥的肥料与用于叶面施肥的肥料并没有严格的界线，凡是可以溶于水的肥料均可以用作叶面施肥。

1. 叶面肥的种类

叶面肥的种类很多，根据其作用和功能可分为以下4类。

（1）营养型叶面肥。富含氮、磷、钾及微量元素等养分，主要功能是为苗木提供需要的营养元素，改善苗木的营养状况，达到壮苗的目的。由于叶面肥总归是肥料，提供营养是其基本功能，因而此种肥料是叶面施肥的主要种类。

（2）调节型叶面肥。含有调节植物生长的物质，如生长素、激素类等成分，主要功能是调控苗木的生长发育等。适于苗木生长前期、中期或扦插育苗过程中使用。

（3）生物型叶面肥。含有氨基酸、核苷酸、核酸类物质等代谢物，主要功能是刺激苗木生长，促进苗木代谢，减轻和防止病虫害的发生等。

（4）复合型叶面肥。除可供给作物矿质营养外，还有一些有机营养、生长调节物质，兼有营养和调节双重作用。

2. 叶面施肥的特点

（1）叶面的营养吸收。叶面的营养吸收是一个主动过程，其吸收利用的效率与苗木生长状态、叶片幼嫩程度等有一定关系。在苗木发育的幼年阶段，苗木生长迅速，代谢旺盛，营养吸收迫切，对营养成分的吸收较为强烈；正在生长中的叶片对营养元素的吸收能力强于成熟的叶片。

（2）叶面施肥有利于养分的快速吸收。叶面施肥不需要经过根系吸收、茎秆运输等漫长的运输过程，可使营养物质从叶部直接进入体内，参与作物的新陈代谢与有机物的合成过程，所以一般叶面施肥比根系施肥见效快。在正常情况下，叶面施肥后 20 ~ 30min，多至 2h，苗木即可开始吸收，24h 达到吸收量的一半，2 ~ 5d 可吸收完毕。比如喷施尿素 1 ~ 2d 即能产生效果，而在土壤中施用尿素需要 4 ~ 6d 才能看到效果。由于叶面能快速吸收营养并且见效明显，叶面施肥常作为及时治疗苗木缺素症的有效措施，以保证苗木在适宜的肥水条件下，进行正常生长发育，达到高产优质的目的。

（3）叶面施肥可以提高养分的利用率。根部施肥时营养元素常被基质或土壤胶体吸附，或因为基质酸碱度的变化形成沉淀物，或受元素间的相互影响使苗木无法利用。采用叶面追肥可以弥补根系吸肥不足，可取得更好的增产效果。

但需要说明的是，肥料的利用率与吸收营养元素的数量是不同的两个概念。尽管叶面施肥对肥料的利用率高，但吸收营养元素的量较少，所以对于氮、磷、钾等苗木需要量较大的元素，单纯依靠叶面施肥是不能满足作物生长发育需要的。

（4）叶面施肥与根部施肥的互补性。由于叶面喷施只能提供少量养分，叶面施肥的作用有限，而且对苗木的生长的贡献在相对小的范围。据资料统计，叶面施肥增产幅度在粮食作物上为 5% ~ 10%，油料作物为 5% ~ 15%，果树、蔬菜 5% ~ 25%，因而在苗木整个生长过程中施肥应以根部施肥为主，叶面施肥只能作为一种辅助措施。

3. 合理使用叶面肥

（1）选择适宜的肥料品种。根据叶面肥使用目的、基质和苗木的特点选择适宜的叶面肥。叶面肥的营养元素主要是弥补根部施肥不足，或是平衡苗木营养，或是在苗木某一生育时期缓解临时性的养分需求。在苗木生长初期，为促进其生长发育可选择调节型叶面肥；若植物营养缺乏，可选用营养型叶面肥。生产上常用于叶面喷施的化肥品种主要有尿素、磷酸二氢钾、过磷酸钙、硫酸钾及各种微量元素肥料。

（2）喷施浓度要合适。在一定浓度范围内，养分进入叶片的速度和数量，随溶液浓度的增加而增加，但是由于叶面肥是直接喷施于苗木叶片，与根际施肥不同，没有基质的缓冲，而且苗木营养从缺乏到过量之间的范围很窄，因此喷施的浓度非常重要。浓度低苗木接触的营养元素量少，作用不明显；浓度高往往灼伤叶片造成肥害。如尿素在幼苗阶段的喷施浓度为0.1% ~ 0.3%。

（3）喷施时间要适宜。叶面施肥时叶片吸收养分的数量与溶液湿润叶片的时间长短有关，湿润时间越长，叶片吸收养分越多，效果越好。一般情况下保持叶片湿润时间在 30 ~ 60min 为宜，因此叶面施肥最好在傍晚无风的天气进行；在有露水的早晨喷肥，会降低溶液的浓度，影响施肥的效果。雨天或雨前也不能进行叶面追肥，因为养分易被淋失，起不到应有的作用，若喷后 3h 遇雨，待晴天时补喷 1 次，但浓度要适当降低。

叶面施肥要求雾滴细小，喷施均匀，尤其要注意喷洒生长旺盛的上部叶片和叶的背面，更应注意喷洒叶片背面，以利吸收。因此，叶面施肥时，叶的正反两面都要喷，尽量细致周到。

（4）喷施次数力求适当。植物叶面肥的浓度一般都较低，每次的吸收量是很少的，与苗木的需求量相比要低得多。因此，叶面施肥的次数一般不应少于 2 ~ 3 次。至于在植物体内移动性小或不移动的养分（如铁、硼、钙、磷等），更应注意适当增加喷洒次数。在喷施含调节剂的叶面肥时，应注意喷洒要有间隔，间隔期至少应在一周以上，喷洒次数不宜过多，防止出现调控不当，造成危害。

（5）叶面施肥不要总用同一个品种。应混合并交替使用，取长补短，使营养更全面。叶面肥混用要得当，叶面追肥时，将两种或两种以上的叶面肥合理混用，可节省喷洒时间和用工，其增产效果也会更加显著。但肥料混合后必须无不良反应或不降低肥效，否则达不到混用目的。

（6）在叶面肥溶液中添加湿润剂。叶面肥必须是溶于水的，沉淀物喷施到苗木的叶面是不能被吸收的，只能应用水溶性肥料配成溶液进行喷施。为了延长叶面被肥料溶液湿润的时间，以利于元素的吸收，可在叶面肥水溶液中加入适量的湿润剂，如中性肥皂、洗涤剂等，以降低溶液的表面张力，增加肥料在叶面上的附着力和铺展性，增加与叶片的接触面积，提高叶面追肥的效果。

三、容器苗的分级与出圃

（一）容器苗的分级

1. 容器苗的分级的指标

容器苗在培育过程中，由于播种或扦插的个体存在一定差异，出苗或生根的时间不一致，苗木间的竞争较为激烈，苗木的分化现象严重，对容器苗进行分级十分必要。通过苗木分级，有助于加强苗木的标准化管理，确定苗木质量标准，从而保证林地造林质量，实现苗木分级造林和规范化管理。实践证明，分级造林能有效地减小林分个体间的差异，使林相更加整齐。

目前，我国苗木分级标准主要参照 2 个指标。

（1）苗木形态指标。包括苗高、地径、枝叶数量以及根系的数量和长度等。苗木形态指标比较直观，操作性强，并可定量化表述，是现行使用最多的苗木分级标准。对于容器苗而言，还要观察根系的成团性。紧密的根团对造林十分重要。因为如果没有形成紧密的根团，基质容易发生散坨，起不到对根系的保护作用，失去了培育容器苗的意义，而且会明显降低容器苗的成活率。

（2）苗木的生理指标。包括苗木的色泽、木质化程度、苗木的水势和根生长潜力。该指标在生产上应用不多。

2. 容器苗的分级

基于容器苗的分级的指标，就可以对苗木进行分级。各种苗木的分级有所不同，根据构树容器苗的生长的具体情况，可将其分为 3 个等级，即Ⅰ级、Ⅱ级和Ⅲ级，其中Ⅰ级、Ⅱ级为合格苗木，可以出圃；而Ⅲ为等外苗，为不合格苗木，不能马上出圃，需要留床继续培育，直到达到出圃规格。

构树无纺布控根容器苗分级标准还未出台，现根据中林华瑞公司制定的分级标准，如表 4-1 所示，仅供参考。

表 4-1 构树无纺布控根容器苗分级标准

苗木等级	株高（cm）	根系状况	与基质的结合程度
Ⅰ级苗	≥25	根系发达，侧根多而密	成团性好，不散坨
Ⅱ级苗	15~25	根系较发达，侧根较多	成团性较好，基本不散坨
Ⅲ级苗	≤15	根系不够发达，侧根少	成团性一般，个别散坨

（二）容器苗的出圃

1. 容器苗的炼苗

容器苗培育过程中，是在环境适宜的条件下完成的。育成后需要进行露地移栽时，所遇到的生长环境与原先的生长环境已有很大不同，苗木必须经过炼苗处理，才能出圃。

炼苗是在保护地育苗的情况下，采取放风、降温、适当控水等措施对幼苗强行锻炼的过程，使其定植后能够迅速适应露地的不良环境条件，缩短缓苗时间，增强对低温、大风等的抵抗能力。

在炼苗过程中，随着湿度的降低和光照的增强，一些从容器排水孔伸出的根系发生死亡，即空气断根或气剪，如果炼苗的时间较长，则有助于侧根的萌发；但是炼苗时间短而又很快造林，伤根后而又不能得以恢复对造林成活率会有一些影响。如果在育苗过程中就完成断根处理是最好的选择。

2. 容器苗出圃和装运

容器苗在生长季节带叶栽植，保证苗木的活力并在尽可能短的时间实施造林十分重要，因而造林地的准备工作应与育苗工作要步调一致，做到容器苗起苗与造林时间相衔接，随用随起，随到随栽；做到从容器苗的出圃、运输到移栽的各个环节有序进行，环环相扣。

起苗前应统一浇足水分，保证基质有一定的含水量，避免运输过程的水分消耗。对于受力较大的塑料筐、竹筐，基质的含水量尽能可大些；对于受力较小的纸箱，基质的含水量要适度，以减轻容器苗的重量，而且箱底要衬上塑料薄膜防止容器苗浸湿箱子底部，造成堆放的箱体垮塌。

起苗过程中，要注意保护容器，防止容器破碎。容器苗要轻拿轻放，切忌用手拔苗，以免造成容器内基质松动，根团受损，根系破坏。穿透容器的根系可以剪断，但不能硬拔。苗木装箱时，可将苗木按高度、根茎比例均衡度等进行分级，使得每箱苗木的规格基本相近，不符合出圃要求的等外苗要继续留床培育。

（三）容器苗的保存

容器苗培育完成后，因各种原因导致不能按时进行下一步的工作，主要有两种情况，一是成苗后待出圃；二是已出圃尚未移栽，它们都涉及苗木的保存问题，必须通过有效的保存措施，才可以保持苗木的活力，保证移栽的成活率。

1. 待出圃的容器苗

这类苗木的主要问题是种植密度大，营养空间小，苗木间竞争激烈，苗木易徒长，分化严重，对于这类苗木，需采取针对性的栽培措施，控制高生长，提高苗木的抗性，使其生长与所处环境相协调。这些措施包括：一是降低温度。现代化温室可将温度调至 13～15℃；设施条件较为简便的，可采取遮阴网或苫布遮阴，降低光辐射。二是控制水分，只在必要时提供水分以保持叶片坚挺，并且在早晨浇水以便让叶片干的快一些。三是控制土壤 pH 值和电导率的水平。pH 值一般应低于 6.5，过高不利于苗木的保存。四是注重肥料的选择。选用硝酸钙和硝酸钾等复混肥料，既可以补充养分，提高抗性，又不使苗长得太快。五是对个别壮苗进行掐头，防止对周边小苗的抑制，保持苗木间的均衡生长。

2. 已出圃尚未移栽的容器苗

这类苗木主要问题是苗木已从保护地移出，处在容易遭受阳光照射和失水的环境，应根据天气状况随时观察苗木的生长状态，发现苗木缺水现象应及时进行叶面水分喷洒或容器水分灌溉，而且要做到每个容器苗都要浇到，充分保证基质有一定的含水量，保持苗木挺立，避免枝叶萎蔫以至造成对苗木的永久伤害。如果容器苗迟迟不能下地，也可搭设遮阳网，减少阳光直射，减少水分蒸发量，降低管理强度。下地前 1～2d 再把遮阳网撤去。

（四）容器苗下地的最后准备

到达造林地容器苗一般不要马上种植，须经过二次炼苗和适当管护后，一般经过 2～3d 的时间，再行下地。二次炼苗时，首先给苗木浇足水分，如果苗木在中午强光照射下仍能保持叶片挺立，表明它已经安全度过炼苗期，适应了当地的气候，可安排种植。如果苗木浇足水分后，中午强光照射下有萎蔫现象，可采取叶面喷水或者搭设遮阳网，适应一段时间后，撤去遮阳网让苗木充分接受光照。

种植时尽量选择在连阴天或午后种植，并在种植前让苗木吸足水分，只要土壤墒情好，经过炼苗的容器苗能快速恢复生长。

苗木暂放地必须选择在有水电条件的地方，能兼顾靠近造林地更好，并准备好一些浇水的设备和用具，如喷水带、喷雾器等，以及遮阳网等用品。

第五章

构树丰产栽培技术

第一节　造林地的选择与规划

构树具有广泛的生态习性和独特的生物特性，根据其一种或多种属性可以营建与此对应的并具有鲜明特征的人工林。它们的对应关系和利用途径归纳如下。

第一，喜肥、耐盐、耐酸碱，消纳和分解不利因子的能力强，可用于垃圾填埋场造林。

第二，侧根发达，萌蘖力极强，适应性强，耐干旱、贫瘠，可作为石漠化治理或废弃矿山复垦的先锋树种进行造林。

第三，早期生长快，萌芽力和分蘖力强，根系发达可用于营建护岸护坡林。

第四，叶子表面粗糙，对尘埃吸附性好，有吸收抵抗污染物和尘埃的能力，抗污染能力强，耐烟尘污染，对二氧化硫、氯气具有较强抗性，可用于工矿区绿化。

第五，耐刈割能力强，平茬后可大量抽生枝条，生长旺盛，植绿覆盖快，可用于动物栖息地的造林。

第六，枝叶蛋白质含量高，营养元素丰富且均衡，饲喂的牲畜风味好，是优良的木本饲料，可用于营建饲料林。

第七，构树韧皮部含有大量的优质纤维，可生产高档的纸浆和织布，可用于营建纤维林。

针对不同的造林目的，选择适宜的造林地，因地制宜，适地适树，充分发挥地力和树种的双重作用，达到构树利用效益的最大化。

下面以饲用构树说明造林地的选择与规划。

一、饲料林造林地选择

规模化发展饲用构树生产,首先要综合考虑经营管理、采收方式、水电交通、劳力状况、产品走向、饲料加工处理、牲畜养殖对接等各种环节,确保项目有序而顺畅进行。

饲料林造林地一般应在构树分布区的范围内,选择地势相对平缓,海拔在 800m 以下的阳坡或半阳坡,土壤疏松,土层深厚(深度在 60cm 以上)、肥沃、湿润,呈微酸性、中性或微碱性均可。对于黏土、砂土和盐碱地等土壤状况不理想的地块,只要经过一定的土壤改良也可种植。造林地力求阳光充足、光照时间长,没有高大物体遮挡。水源充沛,排水良好,地下水位在 5~7m 以下,忌低洼地或容易长时间积水的地方。在年平均温度 12℃以上的地区,现有的大多数构树品种能够安全越冬,可集中连片种植;在气候寒冷的地区,不仅要选择抗寒性的品种,还要做好防寒措施。

饲用构树要生产优质无公害饲料产品,造林不仅要注意生态适应性,还要注意生态环境质量,确保生产出的饲料等级达到国家行业规定的标准或等级。

1. 大气环境质量

构树饲料林 30km 范围内不得有大量排放氟化物(F)、硫化物(S)等有毒气体的大型化工厂,不得有大型水泥厂、石灰厂、火力发电厂等大量排放粉尘的工厂,以及附近不得有铜矿、硫矿等矿产资源或重金属超标的污染源。

大气环境条件主要考虑总悬浮颗粒物、二氧化硫、氮氧化物、氟化物、铅 5 个方面。大气环境状况要经过连续 3 年的抽样观察测定,测定结果要符合国家规定标准,如表 5-1 所示。

表 5-1 无公害饲料林产品产地大气质量标准

项 目	日平均	每小时平均
总悬浮颗粒物(TSR)(标准状态)(mg/m³)	0.3	—
二氧化硫(SO₂)(标准状态)(mg/m³)	0.15	0.50
氮氧化物(NOₓ)(标准状态)(mg/m³)	0.12	0.24
氟化物(F)[μg/(dm² · d)]	月平均10	
铅(Pᵦ)(标准状态)(μg/m²)	季平均1.5	—

2. 土壤环境质量

构树根系主要分布层的土壤重金属元素和农药残留量需要符合以下标

准，如表 5 - 2 所示。

表 5 - 2   无公害饲料林产地土壤环境质量标准

项目	pH 值 <6.5	pH 值 6.5~7.5	pH 值 >7.5
总汞（mg/kg）≤	0.3	0.5	1.0
总镉（mg/kg）≤	0.3	0.3	0.6
总铅（mg/kg）≤	250	300	350
总砷（mg/kg）≤	40	30	25
铬（六价）（mg/kg）≤	150	200	250
六六六（mg/kg）≤	0.5	0.5	0.5
DDT（mg/kg）≤	0.5	0.5	0.5

3. 水源质量

构树林地的灌溉用水要符合国家 2 级以上标准，具体指标如表 5 - 3 所示。

表 5 - 3   构树饲料林灌溉用水质量标准

项目	国标	项目	国标
氯化物（mg/L）≤	250	总铅（mg/L）≤	0.1
氰化物（mg/L）≤	0.5	总镉（mg/L）≤	0.005
氟化物（mg/L）≤	3.0	铬（六价）（mg/L）≤	0.1
总汞（mg/L）≤	0.001	石油类（mg/L）≤	10
总砷（mg/L）≤	0.1	pH 值	5.5~8.5

二、造林规划

营建构树饲料林是农林牧生产的一项基础工程，它关系到构树产业链延伸的顺利与否，是一项立足于现在，着眼于长远的大事。因为构树是多年生植物，一经种植，就是 10 年以上的经营和收益期，期间的任何调整都会给经营者的工作带来不必要的损失和困难。因此，构树饲料林的营建要从长计议、统筹兼顾并进行合理地布局和规划。大中型构树饲料林造林规划一般分为总体规划和基本规划。

1. 饲料林总体规划

总体规划基本原则：

（1）应以区划规定的项目定位、发展方向、建设目标，以及有关技术规程和技术标准为依据。

（2）要坚持因地制宜、科学经营、充分合理利用资源和土地、优质高产高效，且技术可行的原则。

（3）坚持在市场需求调查和科学预测的基础上，规划各项发展的指标。

2. 基本规划具体方法

（1）林地调查。调查内容包括地貌、土壤、气候、水利条件、植被情况等。

（2）小区的划分。以林地调查为依据，合理划分小区的面积、形状和位置。

（3）道路系统的规划。道路系统是由主路、干路、支路组成的。主路要求位置适中，贯穿全区，便于运送产品和肥料。干路需沿坡修筑。支路可以根据需要顺坡筑路。各种道路的规格如下：

第一，主路。宽 5 ~ 7m，能通过大型汽车，在山地沿坡上升的斜度，不能超过 7°。

第二，干路。宽 4 ~ 6m，能通过马车或小型汽车和机耕农具，干路一般为小区的划界线。

第三，支路。宽 2 ~ 4m，主要为人行道及大型喷雾机械通道。

（4）辅助建筑物。辅助建筑物包括管理用房、贮藏室、农具室、包装场、晒场、药物配制场及猪场、牛场等。

（5）灌溉系统规划。

第一，蓄水和引水。在林地引水规划中，如果水源为河流时，就需要规划河流引水的方案。一般方法为有坝引水、无坝引水和机器提水 3 种方式。

第二，输水。林地的输水，主要靠水渠或地下管道。地下管道可以减少水分渗漏、蒸发等无谓消耗，提高灌溉效率。

第三，灌溉方法。为降低生产成本，节约用水，应尽量采用节水灌溉方法。目前常用的节水灌溉方法有微喷、小管出流、滴灌、喷灌等。

（6）排水系统的规划设计。排水系统主要有明沟排水和暗沟排水。

（7）水土保持措施的规划设计。水土保持措施主要包括梯田的修筑、植物覆盖、土壤的改良等。

第二节　造林地前期准备

一、造林季节

适宜的造林季节能有效提高造林成活率，有助缩短苗木的缓苗时间，促进苗木的生长发育。苗木成活的生理条件，首要的是使苗木茎叶的水分蒸腾消耗量和根系吸收水分的补充量之间维系一定的平衡。构树虽是一种适应性较强的树种，种植成活率高于一般植物，但是移苗过程中，根系及其环境发生一些改变，苗木种后仍需要及时和充足地补充水分，最大程度上维持植株地上部分和地下部分的水分平衡，否则会大大降低造林成活率。各地应根据所在造林地的实际情况，选择适宜的造林季节。

（一）春季种植

它是我国北方地区最适宜的造林季节。此时地温开始回升，土壤解冻，树液开始流动，树木也将由休眠期转入活跃期，逐步进入生根、长叶生长状态。构树种植一般选择在树苗萌动前、土壤解冻后进行，即4月上中旬。只要条件许可，尽量早栽。

（二）秋季种植

在南方地区，构树可以春季种植，也可秋季种植。秋季种植一般在构树落叶后，土壤封冻前进行。此时气温下降，土壤墒情好，地温高于气温，虽种下的苗木已进入休眠，但根系活动并没完全停止，当年根系仍可得到部分恢复。待翌春来临，苗木生长早，生长期长。秋季种植一般不适于北方地区，主要是因为气候相对寒冷干燥，容易引起枝条干枯和幼苗受冻死亡。

（三）雨季种植

在干旱少雨的地区，利用雨季造林是一个不错的选择，它是对春秋两季种植的补充。此时种植应以经过充分炼苗的容器苗为主，可选择在透雨后的连阴天进行栽植，或根据天气预报预测有雨的数天前进行栽植。

（四）周年种植

对于容器苗而言，只要土壤不上冻，在生长季或休眠季都可种植，不过一般在7月前下地为好，即赶在苗木的速生期到来前种上，这样可保证苗木当年有一定的生物量。容器苗周年种植，可延长种植季节，合理安排劳力。

二、造林密度

构树造林密度关系着个体生长和群体生长的相互关系，影响着光能和地力的利用，制约着饲料林产量的高低，因而造林密度是构树饲料林重要的栽培技术之一。适当密植可增加叶面积、充分利用光能、提高单位面积的产量；减少空闲地面，合理利用地力，避免杂草滋生；免受阳光直射林内，减少地面水分蒸发，保持林地湿润，提高土壤肥力，但是过度密植，林木间交互作用加剧，林木分化严重，越冬能力下降。

1. 确定造林密度的依据

造林密度的大小对构树的生长发育、产量质量和蛋白质含量均有重大影响。

（1）造林密度与单位面积造林地上保留的株数相关。通常在立地条件较差而造林成活率不高的地方，适当增加初植密度，以保证林地所需的最小的造林株数。避免补栽或 2 次造林，提高 1 次造林 1 次达标的成功率。

（2）造林密度与幼林郁闭早晚和刈割次数相关。在其他条件相同的情况下，造林密度大，则幼林郁闭早；反之则郁闭晚。达到郁闭状态时，饲用构树可安排及时收割，创造通风透光的条件，促进侧芽萌发。

（3）造林密度与林木的生长发育相关。造林密度对树高生长影响较小，而对树干直径生长影响较大。造林密度越大，单株体积越小。

（4）造林密度与气候条件相关。在低温、干旱、风大的地区，构树生长受到抑制，制约树冠的扩大，应适当密些；在气候温暖，雨量充足，条件较好的地区，林木生长旺盛，树体高大，应适当稀些。

（5）造林密度与经营条件和技术水平相关。经营条件好，肥水管理方便的，可适当密些，反之则应稀些；技术水平高的，可适当密些，反之则应稀些。

（6）造林密度与枝叶蛋白质含量相关。在构树周年生长过程中，枝叶的蛋白质含量会随着枝条木质化程度和枝叶比例的提高而有所降低，因而增加造林密度，增加刈割次数，可减缓枝叶蛋白质含量走低的趋势。

除此之外，栽植方式，整形修剪方法，间作及机械化管理等，对决定造林密度都有关系。

2. 造林方式

造林方式应在确定造林密度的前提下，根据土地利用、机械操作、劳动力状况以及当地自然条件和品种特性来决定。常用的造林方式有以下几种。

（1）长方形栽植。当前生产上主要采用的一种造林形式，其特点是行距大于株距，通风透光，便于人员和机械操作。

栽植株数 = 栽植面积/（行距×株距）。

（2）正方形栽植。株距和行距相等，相邻4株可形成正方形，等距离栽植。其优点是通风透光良好，植株四周均衡生长。但用于密植，其树冠易于郁闭，通风透光条件较差，且不利于间作或刈割。

栽植株数 = 栽植面积/栽植距离。

（3）等高栽植。仅用于山坡地，沿等高线栽植。栽植株数 ≈ 栽植面积/（株距×行距）。

（4）过渡式栽植。初始密度大，而最终密度小并长期维持在后者密度水平上的一种栽植方式。过渡式栽植旨在通过早期密植达到早期丰产的目的，即以增加单位面积的植株数量来弥补单株早期生长量的不足，保持周年产量的稳定；当后期生长量上来，且出现初始密度弊大于利时，始采取疏除措施，适时降低密度，直至合理的水平。

3. 构树造林密度的确定

造林密度应根据不同的经营目的、树种特性、立地条件等情况而定。

（1）以生产木本饲料为经营目的的造林密度。一般选择灌木型的构树，或经过矮化处理（掐尖等）的乔木型构树。株行距为 0.8m×0.8m 或 0.8m×1.0m，即每800~1 000株/亩；在特殊情况下，也可采用更为密植的2 000株/亩以上方式。

（2）以生产纸浆材为经营目的的造林密度。一般选择乔木型的构树，株行距为2m×2m 或 1.5m×2m，即每167~222株/亩。

（3）以园林绿化或植被覆盖为经营目的的造林密度。根据具体情况和实际用途，既可选择乔木型的构树，也可选择灌木型的构树；既可选择高密度造林，也可选择低密度造林。

三、造林地的整地

1. 造林整地的作用

它是通过清除林地上的植被、改变微地形和改善土壤物理性质实现的，主要作用如下。

（1）改善立地条件，改善小气候，疏松土壤，增加土壤水分和养分，提高土壤通气性。

（2）保持水土，活化土壤有机质，增加土壤团粒结构，提高土壤入渗能力和土壤持水能力。

（3）减少非目的树种的干扰，提高造林成活率，促进目的树种的生长。

2．造林地的清理

对造林地前茬的灌木、杂草和竹类，以及采伐迹地上的枝桠、梢头、倒木、伐根等进行清理清除，改善造林地的立地条件和宜林状况。清理工作在一年四季都可进行，一般的清理方式如下：

（1）火烧清除（炼山）。炼山可以提高地温、增加土壤灰分，消灭病虫害，清理彻底，便于造林施工，但该方式易引起水土流失和火灾。未经允许和缺少防火安全保障措施的情况下不得采用。

（2）化学药剂清除。根据植物生长特性、生长发育状况、气候条件选用适当的除草剂（触杀型或传导型）进行全面或有针对性喷洒，可以达到斩草除根的目的，清理效果显著。

（3）人工割除。选择灌木、杂草营养生长旺盛期进行，此时杂草杂灌尚未结实或种子尚未成熟，有一定的株高，地下积累的养分少，易于人工割除。人工割除需要进行多次，才能收到良好的效果。

3．造林地整地方法

（1）全面整地。全面整地是指在一定范围内将全部造林地进行翻垦的方法，主要用于平坦地区。这种方法虽然工期长、投资大，但改善立地条件的效果显著，清除杂草灌木彻底，便于机械化作业，有效地提高苗木成活率，促使幼林生长。

（2）局部整地。局部整地是对造林地部分土壤进行翻垦的方法。根据整地的程度和形状，又可细分为2种方法：

第一，带状整地。呈条状翻垦造林地土壤的整地方法。在山地带状整地方法有：水平带状、水平阶、水平沟、反坡梯田、撩壕等；平坦地的整地方法有：犁沟、带状、高垄等。带状整地主要用于地势平坦或较平整的平坡地。带的长度依据地形条件、整地的断面形式而定。此法便于机械或畜力耕作，也较省工。

第二，块状整地。呈块状翻垦造林地土壤的整地方法。山地应用的块状整地方法有：穴状、块状、鱼鳞坑；平原应用的方法有：坑状、块状、高台等。它灵活性大，省工，成本较低，但改善立地条件的作用相对较差。

（3）整地的季节。选择适当的整地季节，可以充分利用外界环境的有利因素，避免不利因素，提高整地质量，减轻整地劳动强度，降低造林成本，促进苗木成活。整地的季节大多数地区为春、夏、秋，依据各地的气候条件而定。

第一，提前整地。整地与造林不是同时进行，而是整地时间比造林季节提早进行。如春季造林，可选择秋季整地。整地太早时，多年生杂草大量侵入使立地条件再度恶化。干旱半干旱地区整地与造林之间应有一个降水季节，以蓄积更多的水分，来提高造林成活率。盐碱地、沼泽地一般要提前1年整地，以使盐分得到充分淋洗，盘结的根系得到分解。选择在雨季整地，土壤紧实度降低，作业省力，工效高。

第二，随整随造。整地与造林同时进行，一般情况下，这种做法因整地对苗木成活的作用有限，以及整地不及时影响造林进度，应用的比较少。在风蚀比较严重的风沙地、草原、退耕地上可以采用。在新采伐迹地上应用效果比较好。

4. 整地的技术规范

各种整地方法，都是一定断面形式和技术指标的体现或表达。确定造林整地的断面形式和技术规格应有科学依据，也就是应在自然条件可能和经济条件允许的前提下，力争最大限度地改善立地条件和避免造成负面效果为原则，力求获得较大的经济效益和生态效益。

（1）断面形式。断面形式是指整地时翻垦部分与原地面（或原坡面）构成的断面形状。断面形式一般应与造林地区的气候特点、造林地的立地条件相适应。在干旱半干旱地区，整地的主要目的是为了更多地贮蓄大气降水，增加土壤湿度，防止水土流失，翻土面可低于原地面（或原坡面），也可与原地面（或原坡面）构成一定交角。在水分过剩或地下水位过高地区，为了排除多余的土壤水分，提高地温，改善通气条件，促进有机质分解，翻土面可高于原地面。介于干燥和过湿类型之间的造林地，其整地的断面形式可采用中间类型。

（2）深度。深度是整地技术规格中最重要的一个指标。整地适当增加深度，往往比单纯扩大整地面积更有利于林木的生长发育，特别是根系的发育。一般在确定整地深度时，首先应考虑气候特点。干旱地区的整地深度应比湿润地区大，以便更好地保蓄水分。其次是立地条件。土壤湿度低且变化剧烈的阳坡和海拔低的地方，整地深度应比阴坡、海拔高的地方稍大；土层薄或岩石风化差的地方，整地费工、费力，深度不可能太大，而土层浅薄，但母岩疏松的地方，整地深度就可以适当加大；壤质间层厚薄不一及所处位置不同的沙地，整地应力求达到使粗沙与细沙或沙土与壤土相互掺和的深度；具有影响林木根系发育的钙积层的草原土壤，应尽可能加大整地深度，或进行浅耕深松土，以松动或破除紧实土层。

再次是苗木和林木根系特点。一般苗木的主根长度 20～25cm，故整地深度应略大于其长度，并以此作为整地深度的上限；绝大多数树种的成年林木，其根系主要集中分布于 40cm 以上土层，故整地深度的上限在一般情况下可为 40cm；培育速生丰产林及使用大苗造林时，整地深度可以增加到 50～60cm，甚至 1m 以上，但整地深度无限增加，施工费用太高，而且技术上也有困难，难以在大面积造林中普遍采用。

（3）宽度。宽度是整地技术规格中比较重要的一个指标。如果仅从涵养土壤水分的角度看，整地宽度不同，其拦蓄的降水数量、水分入渗深度均有明显不同。确定整地宽度一般需要考虑下列条件。

第一，引起水土流失的可能性。整地既是水土保持措施，又是引起水土流失的因素。因此，整地宽度越大，破坏自然植被越严重，发生水蚀和风蚀的可能性也越大。

第二，坡度。陡坡如果整地宽度太大，不仅断面内切过深，施工既费工，又费力，而且土体不稳，容易坍塌，诱发水土流失。反之，缓坡的整地宽度就可以适当增大。

第三，植被状况。造林地上的灌木、杂草等较高，覆盖度大，遮阴范围广，为保证苗木、幼树不被天然植被压抑，并在竞争中处于有利地位，整地宽度应大一些；反之，则可以窄一些。

第四，经济条件。整地宽度越大，花费的劳力、资金越多。盲目地无限增大整地宽度，实际上是趋向于全面整地，就无所谓整地宽度了。

（4）长度。长度是指各整地方式翻垦部分的边长，其在生物学上的意义远不如深度、宽度那样重要，但它关系到种植点配置的均匀程度。一般在确定整地长度时应根据如下条件：山地、采伐迹地的地形破碎，影响施工的裸岩、伐根多，长度宜稍小；反之，则可适当延长。为了充分发挥整地机械的耕作效率，长度不能过大或小，因为长度过小，机具往返空转多，造成燃料、时间浪费，降低工作效率，而长度过大，又会给机具加油、加水带来不便。

（5）间距。间距是指带状地间或块状地间的距离。间距的大小主要视设计的造林密度、种植点配置方式，以及造林地的坡度、植被状况而定。坡度陡、植被稀少、水土流失严重的地方，带（或穴）间保留的宽度可以大一些，最好能将坡面上方的地表径流全部或大部截蓄。一般翻垦部分的宽度与保留植被部分的宽度之比为：灌木、杂草高度不大的山地1：1或1：2；灌木高大的地方1：1或2：1。

此外，整地技术规格还涉及土埂、横档、反坡的有无等。一般在带（块、穴）的外缘修筑土埂可以蓄水拦泥，在带中修留横档能够防止水流汇集。整地的各项整地技术规格通过整地施工得到落实，因此，整地一定要严格按照有关技术规程或技术规定操作，做到深度、宽度、长度等合乎标准，石块、树根、草根拣净，土埂、横档修牢，表层肥土与底层心土放置有序，不打乱土层等，这样才能保证整地的质量。

第三节　构树种植技术

构树主要苗型为容器苗和裸根苗，其种植技术有所不同，现分述如下：

一、容器苗种植技术

（一）苗木栽植前的准备工作

1. 定植坑准备

容器苗较大、造林密度较小时，宜采用定植坑造林。一般先整穴后栽植，也可边整穴边种植。定植坑规格一般视根据容器苗的种类、大小和立地条件而定。坑深应大于苗木根系长度，坑宽应大于苗木根幅。定植坑大些有利于苗木根系生长，有条件的地方也可施入底肥。

2. 定植沟准备

容器苗较小、造林密度较大时，可采用定植沟造林。根据已确定的株行距，进行带状整地或全面整地后，整理出定植沟，苗木沿定植沟种植。

3. 覆膜准备

容器苗较小、造林密度较大时，也可采用覆膜种植。全面整地后，采用机械或人工覆膜。为防止后期杂草滋生，降低人工除草的工作量，一般选用黑膜。黑膜的四周用土压紧，最好顺膜方向，每隔一段距离，填一锹土，俗称"打补丁"，防止被风刮起。

4. 容器苗处理

容器苗种植前，苗木生长状态良好，在一般情况下不需要特殊处理即可种植。如果需要也可采取以下措施。

（1）截干。在苗干距地面 10～15cm 处剪去地上部分。

（2）去梢或摘叶。截去苗木部分主梢，或去除一部分叶片。

（3）剪侧枝。对苗龄较大、已长出侧枝的苗木进行修剪。

（4）化学药剂处理。如使用 ABT 生根粉、植物基因活化剂、1.0% 柠檬酸等浸根或喷叶。

（二）种植方法和技术

1. 种植方法

容器苗的种植方法分为人工种植和机械种植两种，以人工种植为主。

（1）人工种植。人工种植一般借助锹、镐、锨等工具进行栽植。

第一，定植坑种苗。置苗木于坑中间，使苗木的根颈部稍高出地面，先将表土填在坑底，再用心土填在上面，填满后将苗木周围的土壤摁实，使根系与周围土壤紧密接触，以便根系吸收水分。种植完毕要及时浇水，即定根水，促使土壤空气排出，即使刚下雨后栽苗也要浇水，否则会降低成活率。最后培土到苗木的根颈部，培土高度以稍高于苗木根颈部 1～2cm 为宜，保持土壤墒情。

第二，定植沟种植有两种方式。一种是栽在垄上，垄间的沟作灌溉和排水用，特点是侧方灌溉，容易排水，垄上的土壤温度较高有利于苗木生长，这种方式适合南方多雨的地区使用。另一种是栽植在垄沟里，特点是灌溉方便，但不易排水，这种方式适合北方干旱少雨的地区使用。

第三，覆膜种植是沿着覆膜的方向。按株距打孔，苗木种在开好的孔中。膜上开孔可用容器苗植苗器，十分方便和快捷。种后取适量的土填在苗木周围把孔封上，起到压膜保墒的作用。

（2）机械种植。机械种植是造林地经过全面整地或带状整地后，土壤达到疏松、深厚的程度，利用容器苗植苗机划线开沟、种苗、培土及镇压等工序完成种植的方法。这种方法造林功效高，劳动强度小，造林成本低。机械种植主要用于地形平坦且造林地集中连片的平原、草原、沙地、滩地等。机械种植后，一般还需要进行人工整理。

2. 种植技术要点

种植技术涉及种植深度、种植位置和施工具体要求等项内容。适宜的种植深度应根据不同的树种、气候和土壤条件以及造林季节而有所不同。一般考虑到栽植后穴面土壤会有所下沉，故栽植深度应高于苗木根颈处原土痕

1~2cm。种植过浅，根系外露或处于干土层中，甚至营养袋上口露在外面，会直接影响造林成活率；种植过深，影响根系呼吸，根部发生二重根，妨碍地上部分的正常生理活动，不利于苗木生长。但是，现有科研成果和生产经验证明，在湿润的地方，只要不使根系裸露，适当浅栽并无害处，因为在此种条件下，湿度有保证，浅栽可使根系处于地温较高的表层，有利于新根的发生；而在干旱的地方，尽量深栽一些反而对成活有利，因为在这种情况下，根系处于或接近湿度较大且稳定的土层，容易成活。所以，种植深度应因地制宜。在干旱的条件下应适当深栽，土壤湿润黏重可略浅栽；秋季种植可稍深，雨季宜略浅。种植位置一般多在坑中央，使苗根有向四周伸展的余地，不致造成窝根。但在特定的条件下，有时把苗木植于坑壁的一侧（山地多为里侧），称为靠壁种植。有时还把苗木种植在水平沟整地（如黄土地区）的外侧，以充分利用比较肥沃的表土，防止苗木被降雨淹没或泥土埋没。种植时还应注意分层覆土，把肥沃湿润表土填于根系处，踩实使土壤与根系密接，防止干燥空气侵入，保持根系湿润。坑面可视地区不同，整修成小丘状或下凹状，以利排水或蓄水。干旱条件下，踩实后坑面可再覆一层虚土，或盖上塑料薄膜、植物茎秆、石块等，以减少土壤水分蒸发。

二、裸根苗种植技术

（一）苗木栽植前的准备工作

1. 苗木的调运

在苗木的调运过程中，不论长途或短途运输，都要妥善地把苗木包装一下。包装的目的是为了防止苗木失水干燥，不使苗木在运输过程中受到损伤而降低质量，同时包装整齐的苗木也便于搬运、装卸。冬季运输要避开寒流天气。运到后要立即进行假植。

2. 定植坑准备

在已确定株行距的造林地上，按照株距定点挖穴，行与行的定植坑要求平行且错开，相邻的5个定植坑呈品字型或梅花状分布。

3. 定植沟种植

参见容器苗的相关内容。

4. 苗木的处理

根据起苗时根系损伤状况，可酌情剪掉一些侧枝，减少水分蒸发，同时剪去过长的和劈裂的根。根系过长，定植时易窝根。剪根后立即蘸上泥浆或采取临时假植的措施，防止失水。

（二）种植方法和技术

1. 种植方法

（1）人工种植。种植深度要求下不窝根，上不露原地径痕迹（深1～2cm），以防止土壤下沉造成根系外露。为防止种植窝根，裸根移栽时先覆一部分土后轻轻提一下苗木，使根舒展，然后再覆土踩实。苗木种后应立即浇水，洇实土壤。最后应检查一下苗木是否有歪斜、下沉等现象以及土壤有无裂缝或缺土等状况，酌情作出调整或修正。

（2）机械种植。可穴植或沟植，视机械的功能确定。有些机械要辅以人工方法，如挖坑机械挖好坑后，再行人工栽植。

2. 种植技术要点

（1）种植深浅适当。若种植过浅易被干死；若种植过深则可能导致根部水浇不透或根部缺氧，从而引起树木死亡。

（2）保持苗木体内水分平衡。无论在起苗、出圃、分级、处理、包装、运输，还是在造林地假植和种植取苗的过程中，都要加强苗木的管理。浇水不透或种植后未及时浇水易导致苗木死亡。对失水的苗木应浸根一昼夜，充分吸水后再进行种植或假植。

（3）不同规格的苗木分别移栽。使同一作业区苗木大小整齐，生长均匀，便于管理，避免林木分化严重。

（4）尽量在阴雨天气种植。降低光照强度，减少枝叶水分蒸腾。

第四节　构树栽培管理技术

一、林地管理

1. 土壤管理

造林地的土壤是林木生长的基础，良好的土壤性质和结构是林木优质高产的保证，因而在造林前和林地管理中都要采取不同的措施，对土壤进行改良或改善，具体作法有：

（1）深翻熟化。结合施肥进行深翻，可改善土壤结构和理化性质，促使土壤团粒结构形成，增加孔隙度。增强土壤微生物的活动，促使难溶性营养物质转化为可溶性养分，相应地提高土壤肥力。

（2）客土栽培。在一些不适宜构树正常生长的地段，如平原区的粗砂地，山区土层瘠薄的造林地，岩石裸露的石质山地或盐碱地，可以进行客土栽培。如通过加大种植坑，酌量增大栽植面，全部或部分换入肥沃的土壤，并放入山泥、泥炭土、腐叶土、有机肥料等。

（3）根颈培土。可增厚土层，保护根系，增加营养，提高地温，改良土壤结构等。

（4）中耕除草。可以提高土壤的通气性，促进土壤中的微生物的活动，加速硝化作用。同时还可以清除杂草，有利于苗木对水分的充分吸收和竞争，减少水分的蒸发。中耕一般要求深度在 10~20cm，可结合施肥一同进行。

2. 林地施肥

林地施肥除采用精确施肥和配方施肥外，在生产上多依靠经验和常识进行施肥，包括"三看"施肥法及分段施肥法，其施肥方法如下。

（1）看苗施肥。根据苗的大小，确定施肥量，大苗多施；小苗少施、勤施。根据苗木的生长状态，大致确定施肥种类。苗木茎叶泛黄，增施氮肥；苗木茎叶暗绿，增施磷肥；苗木茎叶柔软，增施钾肥。

（2）看水施肥。施肥要与浇水或降雨结合进行。施肥后要及时浇水，或降雨前后施肥，这样才能发挥肥效，否则即使施肥不仅起不到应有的作用，还会造成局部养分富集，发生烧苗现象。

（3）看土施肥。土壤偏黏，养分不易流失，可少次多量；土壤偏沙，养分容易流失，可多次少量。盐碱地以酸性肥料为主。

（4）分段施肥法。构树 1 年当中对肥料的种类和需肥量不同，应因时施肥。春季施肥以速生性氮肥为主，如碳酸氢铵、尿素和腐熟肥料；夏秋季施肥以速效复合肥料为主，氮、磷、钾要合理搭配，可施复合肥料或有机肥；秋末冬初多施用迟效性肥料。施肥主要通过基肥、土壤追肥和根外追肥 3 种形式，在不同时期进行。基肥在林木生长发育过程中具有非常重要的作用。施用基肥以各种腐熟、半腐熟的有机肥为主，适当配以少量的无机肥。施用量占全年总施用量的 1/2~2/3。土壤追肥，是林木春天萌动到收获前，根据树体生长情况和不同生育期需肥特点，而补充的肥料。土壤追肥多用无机肥，也可用充分腐熟的有机肥。根外追肥是在林木生育期根据需要将各种速效肥料的水溶液，喷洒在树体枝叶上。

3. 杂草防除

除草的时期和次数要根据杂草的发生情况来确定。一般采取清耕、促草诱杀、覆膜、人工或化学等方法。具体的除草方法应与整地、经营目的、构树种植状况、刈割情况等综合考虑，减少除草的工作量。

二、水分管理

水分是植物整个生命过程中重要的组成部分，维系着植物体内各项代谢活动。要使构树长得好，充分发挥自身生长潜力，就要依据在 1 年之中构树生长的需水规律，科学合理地安排水分管理，最大程度上满足构树在不同时期对水分的需求。

（一）浇水

1. 生长初期浇水

时间为 3 月中旬，此时土壤开始解冻，根系开始活动，树液开始流动，枝条蒸发量大，而北方地区早春干旱少雨，构树对水分的需求十分旺盛。第一次浇水又称为解冻水，对促进苗木发芽、展叶及快速恢复生长起着重要的作用。此后在没有降雨水分补充下，每间隔 20d 左右要浇水 1 次。

2. 生长旺盛期浇水

时间为 6 ~ 8 月，是苗木全年生长量最大的时期，也是全年水分最为集中的季节，此时苗木生长旺盛，需水量最大，应充分利用自然降雨满足林木生长需要。如果降雨量不足或降雨不均衡，应视土壤墒情及时浇水。阶段性的失墒对苗木持续旺盛生长影响较大，应保持水分的正常和持续供应。浇水最好与施肥相结合，同时满足构树对水分和营养元素的需要。

3. 生长末期浇水

进入 9 月，构树生长速度明显下降，应控制水分供应，促进苗木充分木质化，为冬季越冬积累营养。如果水分供应过多，易引起苗木徒长，不利于苗木越冬。对于构树饲料林，枝条上冻前都要砍去，根桩覆土防寒，水分供应可适当放开，延长生长期。

4. 上冻前浇水

一般在 11 月中下旬进行，此时正值林木落叶后土壤上冻前。浇冻水的时间很关键，浇水过早，苗木延迟休眠，对苗木越冬不利；浇水过晚，水分下渗困难，苗木不能充分吸收水分。上冻水的作用不仅是提高土壤的导热性，增强苗木的抗性，而且可以缓解翌年春旱对苗木的影响。

（二）排水

在多雨季节，要做好防涝工作，防止低洼处长时间积水。水分过多，对苗木生长不利，因土壤含水过多，达到饱和状态时，所有空隙都被水分占满，土壤中的空气都被排挤，造成缺氧，使根系的呼吸作用受到抑制，影响正常的吸收功能，轻者生长不良，时间一长还会使树根窒息、腐烂致死。同时土壤内缺氧，使好气菌的活动受到抑制，影响有机物的分解；而且由于根系进行无氧呼吸，会产生酒精等有害物质，使蛋白质凝固，所以在规模化种植的林地上，在重视浇水工作的同时，也要重视排水工作。地表径流法是常用的一种排涝方法，既节省费用又不留痕迹。因而在雨量充沛的地区营建人工林时，不能忽视排水问题，而应将林地整成一定坡度，以保证雨水能从地面顺畅流走。在低洼地、盐碱地的土壤整治中，一定要优先考虑排水问题，否则会导致无法想象的后果。

三、树体管理

构树的树体管理要根据树木的经营目的和培育目标来确定，对不同功能的林分类型采取不同的管理措施，下面分别叙述两种林分类型的树体管理。

（一）饲料林树体管理

应选择灌木型的品种或萌芽力强的乔木类型品种，追求单位面积的生物量或全年的总产量是经营的主要目的，因而 1 年当中的刈割次数、刈割时间、刈割方式等是树体管理的主要内容。其内容如下：

1. 刈割方式

刈割方式有全面刈割和带状刈割。全面刈割即将一定范围内的构树全部割除，它的特点是操作统一，便于机械化，不足之处在于刈割后，萌芽展叶需要一段时间，不能充分利用此间的光热条件。

带状刈割将一定范围内的构树呈带状、交替割除，也就是先割除一条，留下一条，再割除一条，留下相邻的另一条，每次只割除待割面积的一半，待已割出的根桩长出新叶直到一定高度时，再将未割除的另一半构树割除。带状刈割能够错开割除时间，充分地利用光热条件。在种植密度大的情况下，带状刈割的好处会更加明显。

2. 刈割时间

刈割时间以构树生长至郁闭或封垄时为好。刈割太早，苗木还有生长空间可用，不利用于生物量的积累；刈割太晚，苗木交互作用增强，下部枝叶受光少，蛋白含量减少。刈割时间还应与当地的气候特点、农事安排、苗木生长的阶段、枝叶处理的方式等综合考虑。

3. 刈割次数

刈割次数随各地的生长条件不同而不同。南方地区可刈割 5～6 次，北方地区可刈割 2～3 次，但北方地区可提高种植密度和加强栽培管理等途径增加刈割次数。增加刈割次数，可以相对提高生物产量。当年种植的苗木应以壮苗促根为主要目的，为来年的高产稳产打基础，而不应仅以收获量为主要目的。

4. 定干留茬

构树苗木定植后，应在苗高 10～25cm 时掐尖或定干，促使侧枝萌发。侧枝多有利于扩大冠幅，提高枝条的饲用价值，因为侧枝多而嫩的枝叶，其单位重量蛋白含量高于侧枝少而粗的单位重量蛋白含量。细嫩的枝条也有利于人工或机械刈割，减轻刈割强度。每次刈割时，应控制刈割高度，避免留茬过高造成发芽部位每年上移过快。数年后留茬太高，不适宜操作时，就应近地平茬，降低留茬高度，促发新生枝条。

(二) 用材林树体管理

应选择直立性强的乔木类型品种，确保树体高大，分枝点高，林相整齐，通风透光性好，出材率高，枝桠材少，树体管理应以培育林木主干为主，剪去影响主干生长或消耗主干营养的竞争枝、下垂枝、徒长枝和病虫枝，维持合理的干冠比。

1. 主干培养

选择 1 个直立型的健壮枝条作为主干，将其他多余的枝条疏除，确定主干的优势地位，维持树木的顶端优势。

2. 侧枝修剪

在苗木生长过程中，适时修去分枝点下的侧枝。修剪强度与林木生长量密切相关，若当年修枝太多，会影响胸径生长量，修枝应循序渐进地进行，保持合理的修剪强度。随着树龄的逐年增大，苗木长高，分枝点上移，修剪工作应随之作出调整，直至达到一定的分枝高度为止。

四、低温防寒管理

当温度下降到一定程度时，将对植物造成不同程度的影响，表现为延迟或停止生长、甚至造成不同程度的伤害，常见的低温伤害有冻害、霜冻害、冷害等。还有些低温伤害情况在低温时发生，但主因并不是低温，而是由包括低温的若干因素交互作用造成的，如生理干旱。构树的髓心较大，木质相对松软，低温对其伤害的严重性更大，在北方地区一定要重视低温伤害并采取有效的措施加以防范。

1. 冻害

在北方地区，每年都会发生当年新栽苗木因为防冻措施不当，在遇到低温或者剧烈变温时造成的伤害。它不仅带来了一定的经济损失，同时也影响了整体的造林效果。因此，采取有效的越冬管理措施，对当年新栽苗木能否安全越冬是一项很重要的工作。主要防治措施如下。

（1）选择优良抗寒品种。

（2）对苗木进行适度修剪，调节水肥供应，提高苗木抗性，及时防治病虫害。

（3）清除杂草，浅翻土地，给苗木根基培土，浇足防冻水。

（4）用麦秸、稻秸等粉碎后进行地面覆盖，提高地温，降低地面水分蒸发量。

（5）秋冬季节对饲用构树实施平茬，所留根桩进行覆土或覆膜，来年撤除或打开防寒物，露出根桩，有利苗木的萌发和快速生长。

2. 霜冻害

发生在冬春和秋冬之交，由于冷空气入侵或辐射冷却，使土壤表面、植物表面以及近地面空气层的温度骤降到0℃以下，导致植株受害、或者死亡的一种短时间的低温伤害，称之为霜冻害。根据发生的时间不同，又可分为早霜和晚霜。主要防治措施如下。

（1）春季灌水或喷水和涂白或喷白树干或骨干枝来延迟植株发芽，减轻霜冻伤害。

（2）通过加热、吹风、烟熏等方法改善林地的小气候。

（3）早春用杂草覆盖树盘，结合灌水。

（4）应用植物生长调节剂推迟萌动或化学药剂减轻植物霜冻害。

3. 生理干旱

构树幼苗枝条越冬后常出现抽干的现象，这种现象不主要是极端低温引起的，而更多是生理干旱引起的。因为枝条抽条的时间不是发生在每年最冷的1月，而是发生在气温相对温和的2～3月。那时正值气温回升快，空气干燥，枝条蒸发量大，而同期的土壤水分处于冻结状态，地温偏低，根系吸收水分困难，枝条所散失的水分不能得到有效的补充，从而造成枝条水分严重亏缺。

主要防治措施如下。

（1）在幼苗生长的后期，注意肥水管理，防止苗木贪青徒长，苗木木质化程度低，枝条不充实，抵抗低温的能力低。

（2）上冻前一定浇上冻水，提高土壤的导热性，增强苗木的抗性。

第六章

构树病虫害防治

第一节 构树主要病害及防治

一、褐斑病

褐斑病，又称立枯丝核疫病，属半知菌亚门真菌。病斑上分生孢子盘呈粉质块状，初埋生在叶表皮下，成熟后外露。孢子盘大小 80 ~ 140μm。分生孢子梗丛生在孢子盘里面，分生孢子梗单胞，无色，圆筒形，大小（5 ~ 15）μm ×（2.5 ~ 3）μm，其上着生分生孢子。分生孢子棍棒状至圆筒形，两端圆，顶部稍细，成熟时具隔膜 3 ~ 5 个，隔膜处不缢缩，大小（30 ~ 50）μm ×（3 ~ 4）μm。

1. 症状

叶感病初期，在叶片正反两面可见芝麻粒大小的褐色病斑，水渍状，后逐渐扩大成圆形或多角形。病斑直径为 2 ~ 10mm，大小不等，边缘为暗褐色，中央淡褐色。病斑上环生有白色或微红色的粉质块，内有许多黑色小点，即病原菌分生孢子盘。病斑在遇低温多湿或阴雨连绵天气，吸水膨胀，干燥时病斑中部常开裂，多融合成大病斑，后叶片焦枯或烂叶，枯黄脱落。

2. 发病特点

病原以菌丝体或分生孢子器在枯叶或土壤里越冬，借助风雨传播。夏初病害开始发生，夏秋两季为害严重。高温高湿、光照不足、通风不良和连作等环境条件下有利于病害发生。

3. 防治方法

（1）选择抗性较强的品种，并注意不同抗性品种的合理搭配。栽植密度要适当，注意通风透光。

（2）加强林地管理，生长期发现病叶，及时摘除并销毁；冬季消灭越冬病原，减少病原发生基数。

（3）发病期可用 10% 苯醚甲环唑水分散颗粒剂 22.22g/ml 或 25% 丙环唑乳油 500g/ml 喷施，7～10d 防治 1 次，连续防治 3～4 次，可有效控制住病情。

二、萎缩病

萎缩病是一种危害性很大的病害，主要分为黄化型和萎缩型两种，它们均有类菌体原体引起的。下面以黄化型萎缩病为例加以说明。

1. 病症

发病初期，枝条顶端的叶缩小变薄，叶脉变细，叶片稍向反面卷缩，由上而下叶色逐渐变黄。此时腋芽萌发，侧枝丛生，随着病势加深，更变形缩小，生长缓慢，春叶减产，秋叶不能利用，严重时导致死亡。从整株发病情况来看，先是由少数枝条开始，最后全株病发。病株经过夏伐后，细枝丛生成簇，2～3 年内枯死。病株无花，发病初期根部正常，严重时部分细根变褐萎缩。

2. 发病特点

病害受温度影响十分显著。在 30℃ 以上时，发病明显；20℃ 以下转为隐症，因而 6～10 月为发病期，7～9 月为盛发期。偏施氮肥、地下水位过高等情况下，病症明显。病害的传播途径是带病植物材料扩散和菱纹叶蝉传染。

3. 防治方法

（1）加强对苗圃的检疫，发现病株病苗即时挖除销毁；禁止疫区的植物材料向外调运。

（2）加强施肥管理，注意氮（N）、磷（P）、钾（K）三要素适当配合，防止偏用氮素肥料。

（3）低洼地区要开沟排水，保持土壤适宜的干湿度；干旱地区要注意适时灌溉。

（4）本病传染与虫害有关，应注意消灭菱纹叶蝉。治虫一般以药剂为主，可在春芽开叶、夏伐后新芽再生时进行，用 90% 的敌百虫 2 000 倍液喷雾药杀。

三、根结线虫病

根结线虫病是由根结线虫寄生所引起的，在突起的根结中可以检查出虫体。根结线虫成虫雌雄异态，雌虫呈梨形，头部小，腹部膨大，乳白色。雄虫呈线状，无色透明，有弹性。卵为乳白色，长椭圆形或肾脏形，藏于卵巢内。每年发生 3 代，成虫、幼虫、卵都能越冬。在土壤中的幼虫，侵入新根的生长点及须根，吸取寄主的养分而生长。经 3 次蜕皮后变成成虫寄生在根部，形成很多根结线虫瘿。

1. 病症

由于病原线虫寄生于根部组织内，在取食过程中，线虫所分泌的唾液对寄主组织具有刺激作用，使其寄生部位的组织细胞过度生长，形成根瘤。根瘤多发生于侧根、支根及细根上。以后，随着病情发展，根瘤渐变黄褐至褐色，最后发黑腐烂。与此同时，由于根部吸收机能下降，地上部分生长缓慢，树势衰弱，枝叶变小，严重时造成叶片卷曲干枯脱落，最后整株枯萎而死。

2. 发病特点

根结线虫以卵或 2 龄幼虫在根瘤中越冬，或以 2 龄幼虫在土中越冬。以卵越冬线虫，次年春季孵化，1 龄幼虫在卵壳内生活，出壳后即 2 龄幼虫。2 龄幼虫能离开根瘤在土壤中生活，遇到幼嫩的新根及伤口后，即侵入根部，在根内定居，并在取食过程中分泌刺激性物质，使寄主产生根瘤，因此 2 龄幼虫又称为侵染线虫。一般 1 个根瘤内有 1 至数个雌虫，雌成虫固定在根瘤内不再移动，产卵前能分泌黏性物质，形成卵囊，产卵其中，每头雌虫产卵 300~500 粒，雌成虫产卵结束后即死。雄成虫在根瘤内或土中生活，与雌虫交配后或不经交配就自然死亡。雌成虫可交配产卵，也可行孤雌生殖。由于根结线虫一年可发生多代，世代重叠明显。

根结线虫病的发生与土质、气候等生态环境条件的关系密切。土质疏松的砂质壤土和丘陵地容易发生，而土质黏重的地块很少发病。

3. 防治方法

（1）在发病的苗圃地，第二年不宜再作苗木培育，应进行土壤消毒，并实行轮作倒茬。

（2）改良或深翻土壤，增施腐熟的有机肥，提高苗木的抗性和耐性，增加苗木根系发育强度和根表组织韧性，抵制线虫的侵染。

（3）检查苗木根部，将根结剪去烧毁，然后用2%福尔马林液浸渍苗木；土壤用2%福尔马林液或二溴氯丙烷消毒。

四、烟煤病

本病由多种真菌引起的，包括腐生类的和寄生类的真菌。腐生类的真菌主要是半知菌亚门暗色孢科的真菌，寄生类的真菌主要是指煤炱科和小煤炱科的真菌。这些真菌往往生长在一起，主要通过影响植物的光合作用、呼吸作用及蒸腾作用等生理效应，从而间接影响构树的产量和品质。

1. 病症

主要发生在枝梢和叶片上。发病初期，表面出现暗褐色点状小霉斑，后继续扩大成绒毛状黑色或灰黑色霉层。后期霉层上散生许多黑色小点或刚毛状突起物。因不同病原种类引起的症状也有不同。小煤炱属的煤层为黑色薄纸状，易撕下和自然脱落；刺盾属的煤层如锅底灰，用手擦时即可脱落，多发生于叶面；小煤炱属的霉层则呈辐射状，黑色或暗褐色的小霉斑，分散在叶片正背面，严重时一片叶上常有数十个乃至上百个小霉斑。菌丝产生吸胞，能紧附于寄主的表面，不易脱离。

2. 发病特点

烟煤病以菌丝体、子囊壳或分生孢子器在被害枝叶表面越冬，成为第2年的初侵染来源，并能进行多次再侵染。危害途径主要是借雨水溅射或昆虫传播。以粉虱类、介壳虫类、蚜虫类害虫的分泌物为营养，并随这些害虫的活动消长、传播与流行。小煤炱菌与害虫关系不密切。栽培管理不好，尤其是荫蔽、潮湿条件与该病害发生有一定相关。烟煤病以5~6月和9~10月发病严重。

3. 防治方法

（1）及时抓好粉虱类、蚧类和蚜虫类的防治。

（2）冬季清除已经发生烟煤病的枝条，也可用敌死虫乳油200~250倍液喷雾或对叶面上撒施石灰粉可使霉层脱落。

（3）小煤炱属在发病初期，可用0.5∶1∶100（硫酸铜∶石灰粉∶水）波尔多液喷雾或用70%甲基托布津可湿性粉剂600~1 000倍液喷雾。

（4）合理修剪，保持通风透光；加强肥水管理，增强树势。

第二节 构树主要虫害及防治

一、盗毒蛾

盗毒蛾属鳞翅目，毒蛾科昆虫。主要分布在华北和华南地区，为害构树的幼芽和叶片。

1. 特征描述

（1）成虫。雌体长 18～20mm，雄体长 14～16mm。触角白色，栉齿棕黄色；下唇须白色，外侧黑褐色；头、胸、腹部基半部和足白色微带黄色，腹部其余部分和脏毛簇黄色；前、后翅白色，前翅后缘有两个褐色斑，有的个体内侧褐色斑不明显；前、后翅反面白色，前翅前缘黑褐色。

（2）卵。直径 0.6～0.7mm，圆锥形，中央凹陷，橘黄色或淡黄色。

（3）幼虫。体长 25～40mm，头褐黑色，有光泽；体黑褐色，前胸背板黄色，具 2 条黑色纵线；体背面有一橙黄色带，带中央贯穿一红褐间断的线；前胸背面两侧各有一向前突出的红色瘤，瘤上生黑色长毛束和褐色短毛；腹节瘤橙红色，生有黑褐色长毛；腹部各有 1 对愈合的黑色瘤，上生白色羽状毛和黑褐色长毛。

（4）蛹。长 12～16mm，长圆筒形，黄褐色，体被绒毛；腹部背面 1～3 节各有 4 个瘤。

2. 为害特点

初孵幼虫群集在叶背面取食叶肉，叶面成块状透明斑，3 龄后分散为害形成大缺刻，仅剩叶脉。为害林木春芽时，多由外层向内剥食，致冬芽枯凋，影响枝叶产量。

3. 发生规律

华北地区一年发生 2 代，华东地区 3～4 代，华南地区 5～6 代。主要以 3 龄或 4 龄幼虫在枯叶、树杈、树干缝隙及落叶中结茧越冬。2 代幼虫翌年 4 月开始活动，为害春芽及叶片。一代、二代和三代幼虫为害高峰期主要在 6 月中旬、8 月上中旬和 9 月上中旬，10 月上旬前后开始结茧越冬。成虫白天潜伏在中下部叶背，傍晚飞出活动、交尾、产卵，把卵产在叶背，形成长条形卵块。初孵幼虫喜群集在叶背啃食为害，在 3 龄和 4 龄后分散为害叶片，有假死性，老熟后多卷叶或在叶背树干缝隙或近地面土缝中结茧化蛹，蛹期 7 ~ 12d。天敌主要有黑卵蜂、大角啮小蜂、矮饰苔寄蝇、桑毛虫绒茧蜂等。

4. 防治方法

（1）发现卵块，摘掉虫叶，杀灭幼虫，及时摘除，最好在幼虫群集为害未分散之前进行。及时清除田间残枝落叶，集中烧毁，消灭虫源。

（2）春季幼虫出蛰后和各代幼虫孵化期，喷洒 20% 氰戊菊酯 2 000 倍液或 90% 晶体敌百虫。也可喷洒 48% 毒死蜱乳油 1 300 倍液或 10% 吡虫啉可湿性粉剂 2 500 倍液或 5% 锐劲特乳油 1 000 倍液。

（3）在 2 龄幼虫高峰期，喷洒科诺千胜系列 Bt 杀虫剂或桑毛虫多角体病毒，每毫升含 15 000 颗粒的悬浮液，每亩喷 20L。

二、野蚕蛾

野蚕蛾属鳞翅目，蚕蛾科昆虫。主要分布在华北、华南和华东等地区。

1. 特征描述

前翅外缘顶角下方内陷，内线及外线色稍浓，棕褐色，各由 2 条线组成，亚端线呈棕褐色较细，下方微向内倾斜，顶角下方至外缘中部有较大的深棕色斑。后翅色略深，中部有一深色宽带，后缘中央有一新月形棕黑色斑，斑的外围镶有白边；雄蛾比雌蛾颜色偏深，翅上各线及斑纹更为明显，中室有一肾形纹。

（1）成虫。雌蛾体长 20mm，翅展 46mm，雄蛾小。全体灰褐色。触角暗褐色羽毛状。前翅上具深褐色斑纹，外缘顶角下方向内凹，翅面上具褐色横带 2 条，2 带间具 1 深褐色新月纹。后翅棕褐色。

（2）卵。长 1.2mm，横径 1mm，扁平椭圆形，初白黄色，后变灰白色。

（3）末龄幼虫。体褐色，具斑纹。

（4）四龄虫。体长 40 ~ 65mm，头小，胸部 2 ~ 3 节特膨大，第 2 胸节背面有一对黑纹，四周红色，第 3 胸节背面有 2 个深褐色圆纹，第 2 腹节背面具红褐色马蹄形纹 2 个，第 5 腹节背面有浅色圆点 2 个，第 8 腹节上有一尾角。

2. 为害特点

被幼虫取食嫩叶成缺刻，仅留主脉，发生数量大时，树枝梢头嫩叶被食光。

3. 发生规律

山东省发生 2 ~ 3 代，长江流域则为 4 代，以卵在枝干上越冬。长江流域翌年 4 月中旬开始孵化，4 代区幼虫发生期分别在 4 月下旬、6 月下旬、8 月上旬、9 月上旬，有明显世代重叠现象。山东省发生第 2 代为害重，各代幼虫分别在 5 月中旬、7 月中旬和 8 月下旬至 10 月上旬，末代成虫羽化后产卵越冬。成虫喜在白天羽化，羽化后不久即交尾产卵，卵喜产在枝条或树干上群集一起，3～5 粒到百余粒，排列不整齐。每次产卵数各代不一，最多 228 粒，最少 118 粒。雌蛾寿命 2～3 代 2～8d，4 代 10～20d，雄蛾很短。非越冬卵卵期 8～10d，越冬卵 204d。幼虫多在 6：00～9：00 时孵化，低龄幼虫群集为害梢头嫩叶，成长幼虫分散为害，3 龄幼虫全龄经过 12～16d，4龄 14～34d，老熟幼虫在叶背或两叶间、叶柄基部、枝条分杈处吐丝结茧化蛹。一代蛹期 22d，二代 12d，三代 14d，四代 45d。天敌有野蚕黑卵蜂、野蚕黑疣蜂、广大腿蜂等。

4. 防治方法

（1）结合整枝，刮掉枝干上越冬卵，注意摘除枝条上非越冬卵，压低虫口基数。

（2）在各代幼虫低龄群集在嫩梢或梢头为害时捕杀幼虫。

（3）注意摘除叶背或分杈处的茧。

（4）必要时可结合防治构树上的其他害虫喷洒 90％晶体敌百虫 1 200 倍液或 25％爱卡士乳油 1 500 倍液或 48％毒死蜱（乐斯本）乳油 1 300 倍液。

三、桑天牛

桑天牛，又名粒肩天牛，属于鞘翅目，天牛科昆虫。分布广，食性杂，危害构树的枝干。

1. 特征描述

（1）成虫。体长 36～46mm，体密被黄褐色细绒毛。触角鞭状，第 1～2节黑色，其余各节灰白色。鞘翅基密布黑色瘤突。

（2）幼虫。老熟时体长 60mm 左右，体乳白色，头部黄褐色。前胸节特别大，背板上密生黄褐色刚毛和赤褐色点粒，并有"小"字形凹陷纹。

（3）卵。近椭圆形，长 5～7mm，黄白色，略弯曲。

（4）蛹。长约 50mm，淡黄色。

2. 为害特点

成虫啃食嫩枝皮层，幼虫钻蛀枝干及根部木质部，使枝干局部或全干枯死，破坏树冠导致减产，严重者整株死亡。

3. 发生规律

在北方地区 2 ~ 3 年完成 1 代，以幼虫在树干内越冬。幼虫经过 2 个冬天，在第 3 年 6 ~ 7 月于树内蛀道最下 1 ~ 3 个排粪孔上方外侧咬一个羽化孔，使树皮肿起，在羽化孔下作蛹室化蛹，并在 7 月间羽化为成虫。7 ~ 8 月间成虫选择约 10mm 粗小枝条，将表皮咬成 "U" 形槽，然后产入 1 ~ 5 粒卵，一生可产卵 100 多粒。幼虫孵化出，向下顺着枝条蛀食，每隔一定距离蛀一排粪孔，一般可蛀十几个排粪孔，幼虫多位于最下一排粪孔的下方。虫粪由排粪孔排出，堆积地面。

4. 防治方法

（1）查看树干，捕杀成虫，消灭在产卵之前。

（2）及时清除受害小枝干，以免幼虫长大后转入大枝干或主干为害。在主干为害的幼虫，当新排粪孔出现时是捕杀的良好时机，可用钢丝钩钩杀或刺杀幼虫。

（3）在主干发现新排粪孔时，可用 50% 敌敌畏液注入新排粪孔内，并用黏土封闭从下数起的连续数个排粪孔。

（4）成虫发生期结合防治其他害虫，喷洒触破式微胶囊水剂 200 ~ 400 倍液。

四、蔗扁蛾

蔗扁蛾，又名香蕉蛾，鳞翅目，辉蛾科。蔗扁蛾是一种突发性检疫害虫，分布广泛，杂食性强。主要以幼虫蛀食寄主植物的皮层、茎秆，咬食新根，使植物逐渐衰弱、枯萎，甚至死亡。

1. 特征描述

（1）成虫。体黄褐色，体长 8 ~ 10mm，翅展 22 ~ 26mm。前翅深棕色，中室端部和后缘各有一黑色斑点。前翅后缘有毛束，停息时毛束翘起如鸡尾状。雌虫前翅基部有一黑色细线，可达翅中部。后翅黄褐色，后缘有长毛。后足胫节狭长，超出翅端部。停息时，触角前伸，爬行时，速度快，并可做短距离跳跃。其成虫口器具上颚、后下唇。

（2）卵。淡黄色，卵圆形，长 0.5 ~ 0.7mm、宽 0.3 ~ 0.4mm。卵多产在未展开的叶与茎上。单粒散产，或成堆成片，数十粒甚至百粒以上。

（3）幼虫。乳白色，透明。老龄幼虫体长 20mm 左右，充分伸长可达 30mm，粗约 3mm。头红褐色，前胸盾和气门片暗红褐色，周缘色淡，胸部和腹部各节背面有4个毛片，矩形，前2后2排成2排，各节侧面亦有4个小毛片。

（4）蛹。长约10mm，宽约4mm，亮褐色，背面暗红褐色而腹面淡褐色，首尾两端多呈黑色。头顶具三角形粗壮而坚硬的"钻头"，蛹尾端一对向上钩弯的粗大臀棘是固定在茧上以便转动腹部而钻孔用的。

2. 为害特点

蔗扁蛾从已老化的茎皮部入侵，可见直径1.5～2mm的蛀孔，随后继续向内或韧皮部蛀食。排出的虫粪及蛀屑堆积于茎皮内，幼虫蛀食皮层，形成不规则隧道或连成一片，剥离树皮后可见棕色或深棕色颗粒状虫粪及蛀屑的混合物。当茎的输导组织被渐渐蛀食而丧失其功能，幼虫则继续蛀食周围，最终导致植株叶片萎蔫、褪绿、停止生长，直至整株死亡。幼虫也蛀食根部。

3. 发生规律

蔗扁蛾完成一个世代需要60～120d，1年发生3～4代，在温度较高的条件下，可达8代之多。幼虫蜕皮6次，7龄，历期长达37～75d，是该虫的为害期。蛹期以13～17d为主，成虫羽化前，蛹的头胸部露出蛹壳，约1d后成虫羽化。羽化后的成虫喜暗，常隐藏于树皮裂缝或叶片背面。成虫的交配多在凌晨2：00～3：00，也有在上午8：00～9：00进行的，成虫在羽化后4～7d后产卵，少数在羽化后1～2d内就产卵。卵散产成堆，每雌虫产卵50～200粒。

4. 防治方法

（1）加强植物检疫，一旦发现虫株，应及时进行隔离和灭虫，对受害严重的植株应进行销毁，切断传播途径。

（2）植株生长过程中，发现幼虫为害，可剥掉植株受害表皮，挑出幼虫，并将虫粪、虫卵清理干净。灭除成虫可根据夏季成虫夜出性，用灭虫器驱杀。

（3）根据蔗扁蛾幼虫入土越冬习性，可用90%敌百虫晶体配成1：200倍毒土，均匀撒在土壤表面，以杀死潜土幼虫。

（4）用40%氧化乐果乳油1 000倍液或90%敌百虫800倍液喷洒，每周1次，连续3次。

五、小木蠹蛾

鳞翅目，木蠹蛾科。分布在华北、西北、华东和华中等地区，杂食性强。

1. 特征描述

（1）成虫。灰褐色，体长 14～28mm，翅展 31～55mm。触角线状。胸背部暗红褐色，腹部较长。前翅密布细碎条纹，亚缘线顶端前缘处呈"Y"字形。缘毛灰色，有明显的暗格纹。后翅色较深，有不明显的细褐纹。

（2）卵。圆形，初乳白色，后暗褐色，卵壳密布纵横碎纹。

（3）幼虫。老龄幼虫体长 30～38mm。头褐色，前胸背板深褐色斑纹中间有"O"形白斑。体背浅红色，每体节后半部色淡，腹面黄白色。

（4）蛹。纺锤形，暗褐色，雌体长 16～34mm，雄体长 14～28mm。

2. 为害特点

幼虫蛀食花木枝干木质部，幼虫沿髓部向上蛀食，枝上有数个排粪孔，有大量的长椭圆形粪便排出，受害枝上部变黄枯萎，遇风易折断。

3. 发生规律

在华北地区多数 2 年 1 代，少数 1 年 1 代，均以幼虫越冬。越冬幼虫 5 月下旬至 6 月下旬为化蛹盛期，蛹期 17～26d。成虫羽化、交尾、产卵盛期为 6 月下旬至 7 月中旬。卵期 9～21d，7 月上中旬为幼虫孵化盛期。初孵幼虫群集取食卵壳后蛀入皮层、韧皮部危害，3 龄以后分散钻入木质部，于 10 月开始在隧道内越冬；老熟后在隧道孔口靠近皮层处粘木丝、粪屑作椭圆形蛹室化蛹。出蛰、化蛹、羽化、产卵早者，当年以大龄幼虫越冬，翌年即羽化。成虫以 18：00～21：00 羽化最多，常有多个成虫自 1 个排粪孔羽化而出，羽化后蛹壳仍留在排粪孔口。成虫羽化后，白天藏于树洞、根际草丛及枝梢等处，夜间活动，有趋光性；当晚即可交尾、产卵。卵多成块产于树皮裂缝、伤痕、洞孔边缘及旧排粪孔附近等处，每雌产卵 43～446 粒。初孵幼虫取食卵壳，蛀入皮层和韧皮部危害，3 龄以后做椭圆形侵入孔，钻入木质部蛀入髓心，形成不规则隧道，其中常有数头或数十头幼虫聚集危害；同时自侵入孔每隔 7～8cm 向外咬一排粪孔，粪屑呈棉絮状悬于排粪孔外。严重受害的树干、树枝几乎全部被粪屑包裹。

4. 防治方法

（1）维持适当的郁闭度，郁闭度 0.7 以上的林分受害程度明显小于郁闭度小的林分。

（2）在羽化高峰期可人工捕捉成虫，或于小木蠹蛾在土内化蛹期进行捕杀或灯光诱杀。

（3）用 $1 \times 10^8 \sim 8 \times 10^8$ 孢子/g 白僵菌液喷杀小木蠹蛾初孵幼虫或将白僵菌粘膏涂在排粪孔口或用喷注器在蛀孔注入含孢量为 $5 \times 10^8 \sim 5 \times 10^9$ 孢子/ml白僵菌液。

（4）用50%倍硫磷乳油 $1\,000 \sim 1\,500$ 倍液或40%乐果乳油 $1\,500$ 倍液或2.5%溴氰菊酯或20%氰戊菊酯 $3\,000 \sim 5\,000$ 倍液喷雾毒杀。

（5）对已蛀入树干内的中、老龄幼虫，可用80%敌敌畏 $100 \sim 500$ 倍液或50%马拉硫磷乳油或20%氰戊菊酯乳油 $100 \sim 300$ 倍液或40%乐果乳油 $40 \sim 60$ 倍液注入虫孔。

第三节　构树病虫害的综合防治

病虫害防治是构树丰产栽培中的一个重要的组成部分，应贯穿在整个林业生产当中，包括对种苗、林木等病虫害的预防和除治两个方面，坚持"预防为主、综合治理"的方针，切实组织和落实防治措施，生防、化防和物防的合理结合，降低病虫害发生的几率和程度，做到病虫害发生前有防范，病虫害发生时有方案。

一、选择抗病虫能力强的品种

不同的品种抗病虫能力有一定的差异，品种选择除了丰产性、适应性外，抗逆性，包括抵抗病虫害的性能也是重要的考虑因素，选择抗病虫能力强的品种是最经济有效的技术措施。此外，大规模构树种植要体现品种的多样性，可以利用品种间对病虫差异化的制约机制，在一定程度上控制病虫害的爆发。

二、加强林业技术措施，降低病虫害的发生

第一，禁止带有危险性、潜在性病虫害的林木种子和苗木育苗造林，选用良种壮苗。

第二，加强林地管理，清除并销毁已经感染病虫害的林木的枝条或整株苗木，减少病虫源。

第三，改善林地生长环境，提高苗木生长势，增强林木的抗性。

三、抓住关键时期，实施化学防治

虽然化学防治有许多弊端，比如污染环境，杀死天敌，但它却是最快

捷、最有效的防治病虫害的方法，在病虫害发生时不得不使用。在进行化学防治时应注意化学药剂品种和浓度的选择，让化学防治的负面作用降到最低。饲用型构树更要考虑化学制剂的安全性，降低枝叶所含的农药残留量在国家规定和允许的范围内。

四、防治方法结合，预防除治并举

第一，病虫害防治是一个防治体系，不是单靠任何一种防治方法就能包打天下的，应采用物理防治、生物防治、化学防治和林业技术措施等综合防治方法，控制病虫害的危害。

第二，建立预测预报网络，加强对构树林病虫害发生、发展情况的预测预报。组织区域内的林木病虫害基本情况调查，定期对其发生、发展情况和防治效果进行测报。在防治过程中，要结合本区域实际情况，针对不同病虫害发生状况及其发生、发展规律，选择最佳的方法进行防治。

第七章

构树采收与加工

第一节　构树枝叶的采收

一、采收时间

构树枝叶与其他牧草有共同之处，也有特别之处。共同之处在于，越幼嫩的枝叶营养价值越高，粗纤维含量低，越容易被动物消化；越接近成熟阶段的枝叶营养价值越低，越难以被动物消化。构树的特殊性在于：根系浅，侧根分布很广，生长快，萌芽力和分蘖力强，耐刈割，且越割侧枝生长越多。构树株高 1～1.5m 刈割比 2m 或 3m 刈割具有更多的优越性，农业部《饲料原料目录》中也明确了木本饲料的高度应在 1.5m 以下。1～1.5m 刈割不但营养价值高、适口性好，动物易于消化；且高密度的刈割，反而刺激和加快了侧枝发芽生长，增大了生物量（鲜物质产量）。据统计，构树在种植的第一年在 1～1.5m 高度刈割，比 1.5m 以上高度多刈割一茬，翌年以后可多刈割 2～3 茬，鲜嫩枝叶可达 8 000～12 000kg。

合理提高构树种植密植，是实现构树在株高 1～1.5m 刈割的前提条件，否则不能兼顾较高的营养成分含量和较高的生物产量双赢的结果。种植密度适当加大，苗木封垄早，刈割次数增加，组织幼嫩，也便于收割机械的选型和机械化采收。

二、采收的方法

1. 人工刈割

人工刈割是农牧区和半农牧区常用的刈割方法。传统的人工刈割多用普通收割农作物的镰刀，一个人一天只能刈割 250～300kg；如用一种大镰刀，人们称为钐刀，刀片的宽度有 15cm，柄长 2.0～2.5m。人用钐刀刈割时，用双手握柄，靠腰部和双臂用力，并可割后当即收拢，比镰刀刈割的速度增快4～5倍，可刈割1 500kg左右。

2. 机械刈割

（1）小型收割机。小型收割机（改装型）接挂简单、灵活，效益高，每小时可刈割10亩左右，适用于中小规模收割。

（2）大型收割机。双圆盘切割收获机（改装型）为候选机型的一种。该机适用于平原、连片的大规模构树或其他牧草种植场，其收割速度快，操作灵活，茬桩低，每小时能收割15～20亩，且集刈割、粉碎、吐料3道工序为一体。

第二节　构树草粉和颗粒饲料的处理及加工

一、构树枝叶的干燥

1. 干燥的意义

（1）减少鲜嫩构树枝叶营养物质的损失：构树枝叶和其他牧草一样，一经刈割，便中断了水分和营养的来源，刚刚刈割的枝叶水分含量高，其呼吸活动和氧化作用仍在进行，营养物质仍在不断地消耗。需采用自然和人工干燥的方法，将含水量降到15%左右，以最大限度地减少营养物质的损失。

（2）平衡季节因素造成的饲料原料短缺，确保养殖业的稳步发展。

（3）降低饲养成本，提高养殖效益。

（4）方法简单，便于长期大量贮藏。

2. 干燥的方法

（1）自然干燥法

第一，地面干燥法。选择晴天的早上在构树枝叶露水基本散去后进行刈割，刈割后就地均匀摊晒6～8h，约在11：00和13：00各翻1次，在15：00以前，将其收拢成松散的草堆，在天黑露水前堆成垛堆，再经1～2d干燥即可。

第二，架子干燥法。刈割后就地干燥半天后，再放到架上进行晾晒，应注意防水。

（2）人工干燥法

第一，鼓风机干燥法。在晴朗天进行刈割，就地干燥半天后，运到草棚中堆放 1.5～2.0m 厚度，用鼓风机进行不加温干燥；待等第一层干燥后，再堆第二层同法进行干燥，还可堆第三层。

第二，高温烘干法。此法投资大，但效果好。将切碎的构树枝叶置于烘干机中进行烘干，时间根据烘干机型号而定。也可土法上马自砌烘干房，用柴火或煤火进行烘干。

第三，干燥效果可用经验初步判定。用手折构树枝条，能立即折断，且有折断声，则说明水分已降到 15% 左右；如不能立即折断，则说明水分含量还达不到贮藏要求。

二、构树枝叶的粉碎与贮藏

1. 构树枝叶的粉碎

根据当地的气候条件和饲喂对象等实际情况，选择干燥前粉碎或干燥后粉碎；现场粉碎或场地粉碎；一次粉碎或二次粉碎；揉丝机与粉碎机的配合使用。饲料粉碎的目的是增加饲料表面积和调整粒度，提高适口性，提高消化率，更好地吸收饲料营养成分。

2. 半成品或成品的贮藏方式

（1）包装贮存。构树草粉粉碎调制后，用内塑外编的双层袋进行定额包装，以 25～50kg 包装为宜。置放于干燥、凉爽的库房中贮藏。库房应设置活动窗，外界天气晴朗，干燥时可开窗通风；外界环境潮湿，如下雨天，则应关上密封窗。

（2）草棚垛堆。用自然干燥法和鼓风机干燥法的构树枝叶，没有作剪短处理，可采用在草棚垛堆的方法进行贮存。垛堆分小垛和大垛两种。小垛的规格为 2m 左右的四方形垛，适宜小规模用户。大垛的规格为高 6.5m，宽 5.0m，长 8.0～10m，适宜大规模养殖场。

三、构树草粉与构树颗粒饲料

1. 构树草粉

构树草粉制作简单，加工成本低，易与其他饲料搭配。一般经过 3 个阶段：一是选料。以无霉变、腐烂现象的构树枝叶为原料，最好再配以 3 种以上农作物秸秆或保健植物，如玉米秆、大豆秆、稻草、麦秆、板蓝根、紫苏等。二是对原料进行加工。将选好的原料干燥，再用粉碎机进行粉碎。三是进行保存。使用时既可以直接饲喂，也可以按一定比例将草粉与发酵液均匀

混合，将拌匀的草粉料装入容器内压紧，再用塑料薄膜密封，并放在温度
10～40℃的环境里发酵数天，开袋饲喂。

2. 构树颗粒饲料

用颗粒饲料轧粒机，在干燥粉碎后的基础上，将粉碎后的构树草粉压
制成直径 0.64～1.27cm，长度 0.64～2.54cm 的颗粒状物体，即为构树颗
粒饲料。颗粒饲料含水率＜12%，密度 1.3g/cm³，结构细密，水稳性好，
营养成分不流失，具有提高饲料消化率，减少动物挑食，储存运输更为经
济，避免饲料成分的自动分级，减少环境污染，杀灭动物饲料中的沙门菌
的特点。

颗粒饲料用内塑外编的双层袋进行密封定额包装，以 25～50kg 规格为
宜，贮存于有防潮功能、有密封窗口和凉爽的仓库中。如作为商品构树颗粒
供给大中型饲料厂作为配合饲料原料时，则应按国家标签法规的要求，对应
标明的事项进行标注。

第三节　构树枝叶与其他粗饲料的合理搭配与调质

构树鲜嫩枝叶，青绿多汁，营养丰富，除可以加工成构树草粉或构树颗
粒，还可直接饲喂，或青贮饲喂。有关构树鲜嫩枝叶与其他青绿饲料合理搭
配饲喂单胃动物，与秸秆类饲料合理搭配饲喂反刍草食动物的方法介绍
如下：

一、单胃动物的搭配比例与饲喂方法

1. 搭配比例

鲜嫩构树的枝叶与其他青绿饲料的比例（50%～60%）：（40%～50%）。

2. 饲用方法

切碎混合后直接拌入配合精粉料或颗粒料中饲喂；按比例加入营养性和
非营养性添加剂混合青贮后，拌入配合精粉料或颗粒料中饲喂。

二、反刍草食动物的搭配比例与饲喂方法

1. 搭配比例

鲜嫩构树枝叶与秸秆的比例（60%～70%）：（30%～40%）。

2. 饲用方法

切碎、揉搓后加入营养性和非营养性添加剂混合青贮、微贮后拌入精料补充料，先粗后精饲喂。构树枝叶干燥加入精料中；秸秆黄贮、碱化或氨化后按比例先粗后精饲喂。

三、秸秆的调质加工

1. 铡短、揉搓、粉碎

秸秆类饲料蛋白质含量在5%左右，纤维素含量在30%左右，含有一定的钙、磷且质地粗硬，适口性不好，消化利用率低。单胃杂食动物不能利用秸秆，反刍草食动物对秸秆的消化率也只有20%～30%。因此，用集铡短、揉搓和粉碎功能为一体的机械将秸秆揉搓成短丝状，破坏了蜡质层及坚硬的皮结，使其成柔软饲料，从而增加了适口性，采食量也增加了近1倍。

2. 热加工

（1）蒸煮。将铡碎的秸秆放在容器内加水蒸煮，以提高适口性和消化率。

（2）膨化。膨化是利用高压水蒸气处理后突然降压以破坏纤维结构的方法，对秸秆和木材都有效。膨化可使木质素低分子化和分解结构性碳水化合物，从而增加可溶性成分。但膨化设备投资大，不提倡。

（3）高压蒸汽裂解。高压蒸汽裂解是将各种秸秆置入热压器内，通入高压蒸汽，使物料连续发生蒸汽裂解，以破坏纤维素和木质素的紧密结构，并将纤维素和半纤维素分解出来，以利于消化。但与膨化设备同样投资大，不予提倡。

3. 盐化

盐化是指将铡短、揉搓和粉碎后的秸秆饲料，用等量含1%的盐水充分搅拌后，放入容器内或水泥地面堆放并用塑料薄膜覆盖，经12～24h，使其软化后适口性和采食量提高。

4. 碱化

碱化是通过氢氧根离子打断木质素与半纤维素之间的酯键，使大部分木质素（60%～80%）溶于碱中，把镶嵌在木质素—半纤维复合物中的纤维素释放出来；同时，半纤维素还能溶解碱类物质中，利于反刍动物对粗饲料的消化。碱化处理有石灰水碱化法、氢氧化钠碱化法。采用单一方法，均有利弊，不提倡采用。

最好的处理办法是氢氧化钠＋石灰复合处理，即用氢氧化钠 3kg、熟石灰 1kg、水 26kg，搅拌均匀后，喷洒到 100kg 切碎的秸秆上，边喷边搅拌，搅匀后堆放在水泥地板或铺有塑料薄膜的地面上密封，1 周后即可饲喂。但值得注意的是：用碱化秸秆饲喂牛羊后，瘤胃的 pH 值会升高，采食 8h 后，会停止采食。故在实际应用中与构树青贮饲料各 50% 混合饲喂，效果很好。

5. 氨化

氨化是秸秆饲料中的有机物与氨相遇时，发生氨解反应，破坏木质素与多糖（纤维素、半纤维素）链间的酯键结合，并形成铵盐，成为反刍动物瘤胃微生物的氮源。同时，氨溶于水形成氢氧化铵对秸秆有碱化作用。因此，氨化处理是通过氨化和碱化双重作用来提高秸秆的营养价值。氨化处理后秸秆中的粗蛋白含量提高 100%～150%，纤维素降低 10%，有机消化率提高 20% 以上。氨化后的秸秆质地松软，有糊香气味，颜色呈棕黄，能大大提高适口性，增加了采食量。氨化处理有液氨、氨水、尿素、碳铵、尿素＋硫酸铵复合方法和氨碱复合处理法等。为了使秸秆饲料既能提高营养成分，又能提高其消化率，二者取长补短，发挥最大的效益，采用氨碱复合处理法最佳。

其具体方法是：100kg 切短秸秆用尿素 3kg、硫酸铵 1.5kg、氢氧化钠 5kg，溶于 20～25kg 水中，搅拌溶解后均匀喷洒于秸秆，边洒边喷，搅匀后密封。氨化时间根据环境温度决定。0～10℃ 时需 35～60d，10～20℃ 时需 20～35d，20～30℃ 需 12～20d，30℃ 以上时需 8～12d。

特别注意：氨化秸秆有刺鼻的氨味，需将取出的氨化料，放氨 4h 以上后饲喂。当天喂多少取多少，取料方法同青贮饲料相同，取后密闭，防止发霉腐烂。氨化秸秆只能用于反刍家畜，不能用于单胃草食畜禽。

第四节　构树青贮饲料的处理及加工

一、常规的青贮饲料处理及加工

构树青贮饲料实际是指的中水分青贮方法，即以 1.5m 以下株高时刈割的鲜嫩构树枝叶为主要原料，辅以一种以上的其他青绿新鲜饲草或农作物副产品，在密封厌氧的条件下，利用原料自身表面附着的乳酸菌发酵，或人为地添加发酵促进剂或发酵抑制剂，使容器环境 pH 值下降到 4.2 以下，而制成的可长期贮存的青绿多汁饲料。

1. 构树青贮饲料的优点

（1）营养成分损失小。构树青贮饲料在制作过程中，营养损失较其他调制方法损失低，尤其是粗蛋白质和胡萝卜素的损失都在15%以下。

（2）改善饲料的适口性，提高消化率。鲜嫩的构树枝叶或其他青绿饲料，有本身适口性好的，也有适口性差的，通过青贮发酵，基本保持了青绿饲料的鲜嫩多汁，质地柔软，并产生了大量的乳酸及少量的醋酸，具有酸甜香味，从而提高和改善了适口性。

2. 构树青贮的发酵原理

青贮实际上是促进乳酸菌活动和繁殖、抑制其他微生物活动和繁殖甚至杀灭的过程。

（1）有益微生物和有害微生物的特性及生存条件。

第一，乳酸菌。乳酸菌是主要的有益微生物。乳酸菌种类多，其中对青贮有益的主要是乳酸链球菌和德氏乳酸杆菌。它们均为同质发酵的乳酸菌，发酵后只产生乳酸。此外，还有许多异质发酵的乳酸菌，除产生乳酸外，还产生大量的乙醇、醋酸、甘油和二氧化碳等。乳酸链球菌属兼性厌氧菌，在有氧或无氧条件下均能生长繁殖，耐酸能力较低，青贮饲料中含酸量达到 0.5% ~ 0.8%、pH 值 4.2 时即停止活动。乳酸杆菌为厌氧菌，只在厌氧条件下生长和繁殖，耐酸力强，青贮饲料中含酸量达 1.5% ~ 2.4%，pH 值为 3 时才停止活动。乳酸菌在适宜的温度（25 ~ 35℃），适宜的水分（60% ~ 70%），适宜的糖分（1% ~ 2%）和厌氧条件下，生长繁殖快，可使单糖和双糖分解生成大量乳酸。

第二，酪酸菌。酪酸菌是一种厌氧、不耐酸的有害菌，适宜温度 35 ~ 40℃，适宜 pH 值 4.7 ~ 8.3，它在 pH 值 4.7 以下时不能繁殖。

第三，腐败菌。腐败菌为一种有害菌，能分解蛋白质。有好氧的，也有厌氧的，但适宜 pH 值均高于 6.2。在正常青贮条件下，当 pH 值下降，氧气耗尽后，乳酸菌逐渐大量繁殖，腐败菌则能被抑制或死亡。

第四，霉菌。霉菌是导致青贮饲料变质的主要好气性微生物，正常青贮条件下，霉菌仅生存于青贮初期，酸性和厌氧条件下，霉菌的生长并没完全抑制。但在青贮饲料的表层或边缘有一定的条件，有少量霉菌存在。

第五，酵母菌。酵母菌是好气性菌，喜潮湿，不耐酸，适宜 pH 值 4.4 ~ 7.8。在切碎的青贮原料装填完前，可在原料表层繁殖，分解可溶性糖，产生乙醇及其他芳香物质。当青贮饲料装填完并压实密封后基本停止活动。

第六，醋酸菌。醋酸菌属好气性菌。在青贮初期有空气的条件下可大量繁殖。适宜温度 15～35℃，适宜 pH 值为 3.5～6.5，酵母和乳酸菌发酵产生的乙醇，再经醋酸菌发酵产生醋酸。醋酸可抑制各种有害微生物。但因青贮饲料压得不严实，氧气残留多的条件下，醋酸产生过多，则会降低青贮饲料的品质，并影响适口性。

（2）青贮饲料的发酵过程。青贮发酵是一个复杂的微生物活动过程。实际就是为青贮原料中的乳酸菌生长繁殖创造条件，使乳酸菌大量繁殖，将青贮原料中的可溶性糖类变成乳酸，使乳酸菌达到一定浓度，在有利于乳酸菌繁殖的条件下，大多有害微生物的生长受到抑制，甚至死亡，从而达到保存饲料的目的。因此，青贮的成败取决于是否创造了适宜乳酸菌发酵的条件。青贮的发酵过程分为好气性菌活动阶段、乳酸菌发酵阶段和青贮稳定阶段。①好气性菌活动阶段（又称有氧吸收阶段）。新鲜的构树枝叶及其他青贮原料装填入青贮容器中压实密封后，植物细胞并未立即死亡，在 1～3d 内仍进行呼吸作用，分解有机物质，直到原料中氧气耗尽达到厌氧状态后才停止呼吸和分解作用。②乳酸菌繁殖发酵阶段。厌氧、温度和酸度等条件形成后，其他微生物抑制或死亡；乳酸菌开始迅速繁殖，形成乳酸。正常情况下，温度降到25℃，pH 值降到 4.2 以下，各种有害菌和乳酸链球菌的活动受到抑制，只有乳酸杆菌存在。一般情况下发酵 5～7d。以乳酸菌为主的微生物便达到高峰。③稳定阶段。当 pH 值降到 3.0 时，各种微生物停止活动，营养物质不会再损失。糖分含量高的青贮饲料青贮 20～30d 就可进入稳定阶段，含糖分低的牧草则需 3 个月时间。

3. 青贮容器

（1）青贮窖。青贮窖有地下式和半地下式两种。一般采用半地下式。用料少时做成圆形，直径与窖深比为 1：1.5。用料多时做成长方形，四壁呈95°倾斜，也就是底部比窖口小，窖深 2～3m，宽度和长度根据实际情况决定，最好一天能装完，最多在 2d 时间内装完。如用机械压实，宽度要≥12m。青贮窖 2～3 个好，以后轮番作业。两窖之间的间隔应大于 6m。

（2）青贮袋。宜采用厚度在 0.9～1mm 以上的塑料薄膜做成，形状呈圆形，直径 0.3～3m 不等，长度根据装料多少决定。可重复使用。

4. 构树青贮饲料的制作方法

（1）原料搭配。根据所饲养家畜对原料进行搭配。

（2）原料的前期处理。根据所饲养家畜对象，对青贮原料进行切、揉碎处理。猪用的粒径长度 1～2cm，羊用的粒径长度 2～3cm，牛用的粒径长度 3～5cm。

（3）水分的检测与调节。构树混合青贮饲料的水分要求在 60%～70%，一般用手检测即可。方法是：将切、揉碎的原料用手抓住紧握，若有渗滴水，料团放手后不散开，说明水分含量大于 70%，在 75%～80%；若感到湿润，无渗滴水，放手后慢慢散开，说明水分含量在 60%～70%；若感到干燥，放手后快速分开，说明水分含量在 60% 以下，含量在 45%～55%。大于 70% 的用吸附剂调节。如玉米粉、麸皮、碳酸钙、磷酸氢钙、膨润土等；小于 60% 的用含水量高的原料进行调节，或直接加水。

（4）糖分的调节。构树及其混合原料中，可溶性糖分一般含量低，应对糖分进行调节。其方法是：按青贮原料重量的 2% 添加可溶性糖（蔗糖、葡萄糖、糖蜜均可），溶于水中进行添加。

（5）发酵促进剂的添加。构树及其混合原料中，含有少量的乳酸杆菌，为了促进乳酸杆菌尽快繁殖，减少干物质的损失，从而获得理想的青贮饲料，可自制或购买商品菌种进行添加。商品菌种需进行菌种复活和菌液配制两道工序，操作简便。新疆海星资环生物科技有限公司生产的秸秆发酵活杆菌每袋 3g，能处理 2t 构树青贮饲料，1t 秸秆青贮饲料。

（6）发酵抑制剂的添加。发酵抑制剂主要是指的酸制剂，一般采用复合酸制剂进行添加（柠檬酸、延胡索酸和甲酸钙各 1%），可调节青贮容器中 pH 值，使其降到适合乳酸菌繁殖的 pH 值为 3.2～4.2，具有快速沉降原料的作用，使原料在人工或机械下压实的基础上压得更实。

（7）其他物质的添加。玉米、蔗糖、麸皮、碳酸钙、磷酸氢钙、食盐、微量矿物质元素、防霉剂和抗氧化剂等可根据不同家畜进行添加。矿物质元素在青贮饲料中添加后要注意在精料配合料中的使用量。食盐用于青贮窖的表面具有防腐作用，按 250g/m² 撒在最后一层的表面。

（8）装填。根据青贮窖的大小，将现有人员分成若干组，如刈割组、原料切揉碎组、水料组、干料组和装填组，并根据工作量和特点合理配备人员，做到一经刈割，马上就进行切、揉碎、装填、喷液、撒料、密封、装窖，最好在 1d 时间内装完，并压实、密封。最长不超过 2d。

（9）装填方法。装料 20～25cm 压实、喷液、撒干料，重复进行，直到高出窖面 40～50cm 撒食盐密封，再用长秸秆压 20～30cm，再覆沙土加固密封。

5. 青贮的质量判定

（1）优。pH 值为 3.2~4.0，原色或黄绿色，醇香味、微酸味、松散。

（2）良。pH 值为 4.1~4.4，褐绿色、褐黄色、淡香、酸味重、松散度稍差。

（3）差。pH 值为 4.5 以上，褐色或绿色、腐臭味、结块、粘手，说明青贮失败，不能饲用。

6. 取料

青贮 4~6 周后，即可饲喂，去掉窖顶沙土和长秸秆、打开塑料薄膜。上下垂直取料，用多少取多少，但每次取料上下厚度不能少于 10cm。取料后应随即将塑料薄膜盖严，压实密封。避免 2 次发酵。

注意：对处理好的饲料进行判定后方可饲喂，表层和边角质量差（发霉）的要去除，不能饲喂。

二、拉伸膜裹包青贮的制作方法

拉伸膜裹包青贮是低水分青贮的一种方法，是将收割后的构树枝叶及其他牧草经 3~4h 自然晾晒后在收割的当天进行机械打捆（呈长方形或圆柱形），然后用拉伸膜包裹密封，将原料裹起来使之成为"面包草"。拉伸膜具有较强的拉伸性能和单面自黏性，密封性好，防水、防尘、防止紫外线透过，能避免窖贮等其他青贮方法造成的营养损失和取料后的二次发酵，可去除异味和毒素，还可使杂草的种子失去再生能力。拉伸膜有足够的强度且柔软，耐低温，在寒冷环境下不脆化，不会冻裂；且不透明，保证透光率低，避免热积累；用它包裹好的草捆可在野外存放 2 年以上。

用拉伸膜裹包青贮是目前世界上流行的最先进的青贮方法之一，用这种办法青贮的饲料营养价值高，相当于普通青贮的 1.4 倍。一般在 10℃ 以上经 1 个月时间发酵即可制成。

目前，国内生产的青贮打捆包膜一体机可将构树青贮饲料打成 80kg 定额包装，省工省时，节约劳动力和运输成本，使青贮饲料转化成商品饲料。

第八章

构树饲料在养殖业中的应用

第一节 构树饲料在生猪养殖中的应用

一、构树草粉的应用

快速烘干使水分含量降至 12% ~ 15% 时，采用集"切、揉、碎"为一体的搅拌机，将构树枝叶粉碎成干粉，按不同阶段饲养标准的要求适量加入猪的日粮中饲喂，干粉也可发酵后作用，效果更好。

二、猪用构树青贮饲料的调制与应用

（一）搭配比例

鲜嫩构树枝叶 43%；藤蔓类 20%（甘薯藤叶、马铃薯茎叶）；叶蔬类（紫苏茎叶、萝卜缨、白菜帮、甜菜叶等）24%；松针粉 4.5%；可溶性糖（蔗糖、葡萄糖、糖蜜等）2%；复合酸制剂（柠檬酸、延胡索酸、甲酸钙各 1%）3%；玉米粉 1%；麸皮 1%；钙酸钙 0.5%；磷酸氢钙 0.5%；食盐 0.5%（最后撒于窖表面）。

（二）调制，按前章所述。

（三）构树青贮饲料与配合饲料的饲喂比例

1. 仔猪生长肥育猪构树青贮饲料与配合饲料的饲喂比例

（1）10 ~ 20kg 仔猪为 2∶8。

（2）20 ~ 35kg 生长猪为 3∶7。

（3）35 ~ 60kg 生长猪为 3∶7。

（4）60 ~ 90kg 肥育猪为 2.5∶7.5。

2. 后备种猪构树青贮饲料与配合饲料的饲喂比例

（1）10~20kg 后备猪为 2.5：7.5。

（2）20~35kg 后备猪为 3：7。

（3）35~60kg 后备猪为 3.5：6.5。

3. 妊娠母猪构树青贮饲料与配合饲料的饲喂比例

（1）妊娠前期母猪为 3.5：6.5。

（2）妊娠中期母猪为 3：7。

（3）妊娠后期母猪为 3：7。

4. 哺乳母猪构树青贮饲料与配合饲料的饲喂比例

（1）哺乳前期母猪为 2.5：7.5。

（2）哺乳后期母猪为 3：7。

5. 种公猪构树青贮饲料与配合饲料的饲喂比例

（1）非配种期为 3：7。

（2）配种期为 2：8。

（四）不同猪的采食量 kg/d

1. 仔猪生长育肥猪的参考采食量（88%干物质）

（1）10~20kg 为 0.74kg/d。

（2）20~35kg 为 1.43kg/d。

（3）35~60kg 为 1.9kg/d。

（4）60~90kg 为 2.8kg/d。

2. 后备猪的参考采食量 kg/d

（1）10~20kg 为 0.6kg/d。

（2）20~35kg 为 0.6~1.0kg/d。

（3）35~60kg 为 1.1~1.5kg/d。

3. 妊娠母猪的参考采食量 kg/d

（1）妊娠前期。大型母猪：1.6~1.8kg/d；小型母猪：1.4~1.6kg/d。

（2）妊娠中期。大型母猪：1.8~2.5kg/d；小型母猪：1.6~2.0kg/d。

（3）妊娠后期。大型母猪：2.5~3.5kg/d（产前 1 个月）；小型母猪：2.0~3.0kg/d。

4. 乳母猪的参考采食量

100kg 体重自身维持采食量 1.1kg/d，加带乳猪只增加 0.35kg/d 即为参考采食量。

5. 种公猪的参考采食量

（1）非配种期为体重的 2.5%。

（2）配种期为体重的 3.0%。

（五）不同猪构树青贮饲料和配合饲料的饲喂量（根据 88% 干物质、饲喂比例和采食量计算得出）

1. 仔猪生长肥育构树青贮饲料和配合饲料的喂量

（1）10~20kg 仔猪。构树青贮饲料 0.3kg/d，配合饲料 0.59kg/d。

（2）20~35kg 生长猪。构树青贮饲料 0.91kg/d，配合饲料 1.0kg/d。

（3）35~40kg 生长猪。构树青贮饲料 1.2kg/d，配合饲料 1.33kg/d。

（4）60~90kg 肥育猪。构树青贮饲料 1.33kg/d，配合饲料 1.87kg/d。

2. 后备猪的构树青贮饲料和配合饲料的饲喂量

（1）10~20kg 后备猪。构树青贮饲料 0.32kg，配合饲料 0.45kg/d。

（2）20~35kg 后备猪。构树青贮饲料 0.32~0.64kg，配合饲料 0.45~0.7kg/d。

（3）35~60kg 后备猪。构树青贮饲料 0.64~1.11kg，配合饲料 0.7~1.05kg/d。

3. 妊娠母猪的饲喂青贮饲料和精料配合料的饲喂量

（1）妊娠前期。①大型母猪：构树青贮饲料 1.2~1.4kg，配合饲料 1.0~1.2kg/d；②小型母猪：构树青贮饲料 1.0~1.2kg，配合饲料 0.9~1.0kg/d。

（2）妊娠中期。①大型母猪：构树青贮饲料 1.2~1.6kg，配合饲料 1.26~1.75kg/d；②小型母猪：构树青贮饲料 1.0~1.3kg，配合饲料 1.0~1.4kg/d。

（3）妊娠后期。①大型母猪：构树青贮饲料 1.6~2.2kg，配合饲料 1.75~2.45kg/d；②小型母猪：构树青贮饲料 1.3~1.9kg，配合饲料 1.4~2.1kg/d。

4. 哺乳母猪 100kg 体重，加带 10 只乳猪，需采食 88% 干物质

1.1kg +（10×0.34kg）= 4.5kg（干物质）。折合饲喂青贮饲料 2.87kg/d，配合饲料 3.15kg/d。

5. 种公猪的构树青贮饲料和配合饲料饲喂量

（1）非配种期，体重的 2.5%（88% 干物质）。即：100kg 体重为 2.5kg/d（88% 干物质），折合构树青贮饲料 1.6kg/d，配合饲料 1.75kg/d。

（2）配种期，体重的 3.0%（88% 干物质）。即：100kg 体重为 3.0kg/d（88% 干物质），折合构树青贮饲料 1.91kg/d，配合饲料 2.1kg/d。

注：饲喂态构树青贮饲料可加喂标准量的 10%。

三、猪的饲养标准与日粮配方

1. 瘦肉型生长育肥猪日粮营养配方（表 8 – 1）

表 8 – 1　瘦肉型生长育肥猪每千克日粮养分含量（% 干物质）

指标	5 ~ 10（kg）	10 ~ 20（kg）	20 ~ 35（kg）	35 ~ 60（kg）	60 ~ 90（kg）
日增重（kg/d）	0.24	0.44	0.61	0.69	0.8
采食量（kg/d）	0.3	0.74	1.43	1.9	2.5
消化能含量（mg/kg）	15.15	13.85	13.37	12.97	12.97
粗蛋白（%）	21	19	17.8	16.4	14.5
赖氨酸（%）	1.42	1.16	0.9	0.82	0.7
蛋 + 胱氨酸（%）	0.81	0.66	0.52	0.48	0.4
钙（%）	0.88	0.74	0.62	0.56	0.49
磷（%）	0.74	0.58	0.53	0.48	0.43
食盐（%）	0.28	0.23	0.23	0.25	0.25
铁（mg/kg）	105	105	70	60	50
锌（mg/kg）	110	110	70	60	50
锰（mg/kg）	4	4	3	2	2
铜（mg/kg）	6	6	4.5	4	3.5
碘（mg/kg）	0.14	0.14	0.14	0.14	0.14
硒（mg/kg）	0.3	0.3	0.3	0.25	0.25
亚油酸（%）	0.1	0.1	0.1	0.1	0.1

注：维生素的标准未摘录其中

2. 母猪日粮营养配方（表8–2）

表8–2　母猪每千克日粮中养分含量（%干物质）

指标	小型猪体重（kg）			大型猪体重（kg）		
	10~20	20~35	35~60	20~35	35~60	60~90
消化能（mg/kg）	12.55	12.55	12.13	12.55	12.34	12.13
粗蛋白（%）	16	14	13	16	14	13
赖氨酸（%）	0.7	0.62	0.52	0.62	0.53	0.45
蛋+胱氨酸（%）	0.45	0.4	0.34	0.4	0.35	0.34
钙（%）	0.6	0.6	0.6	0.6	0.6	0.6
磷（%）	0.5	0.5	0.5	0.5	0.5	0.5
食盐（%）	0.4	0.4	0.4	0.4	0.4	0.4
铁（mg/kg）	71	53	43	53	44	38
锌（mg/kg）	71	53	43	53	44	38
锰（mg/kg）	2	2	2	2	2	2
铜（mg/kg）	5	4	3	4	3	3
碘（mg/kg）	0.14	0.14	0.14	0.14	0.14	0.14
硒（mg/kg）	0.15	0.15	0.15	0.15	0.15	0.15
亚油酸（%）	0.1	0.1	0.1	0.1	0.1	0.1

注：维生素的标准没有摘录其中

3. 妊娠母猪日粮营养配方（表8–3）

表8–3　妊娠母猪每千克日粮中养分含量（%干物质）

指标	妊娠前期	妊娠后期	哺乳母猪
消化能（mg/kg）	11.72	11.72	12.13
粗蛋白（%）	11	12	14
赖氨酸（%）	0.35	0.36	0.5
蛋+胱氨酸（%）	0.19	0.19	0.31
钙（%）	0.61	0.61	0.64
磷（%）	0.49	0.49	0.46
食盐（%）	0.32	0.32	0.44
铁（mg/kg）	65	65	70
锌（mg/kg）	42	42	44
锰（mg/kg）	8	8	8
铜（mg/kg）	4	4	4.4

（续表）

指标	妊娠前期	妊娠后期	哺乳母猪
碘（mg/kg）	0.11	0.11	0.12
硒（mg/kg）	0.13	0.13	0.09
亚油酸（%）	0.1	0.1	0.1

注：维生素的标准未摘录其中

4. 种公猪日粮营养配方（表8-4）

表8-4　种公猪每千克日粮中养分含量（% 干物质）

指标	体重 90kg 以下	体重 90kg 以上
消化能（mg/kg）	12.55	12.55
粗蛋白（%）	14	12
赖氨酸（%）	0.38	0.38
蛋+胱氨酸（%）	0.2	0.2
钙（%）	0.66	0.66
磷（%）	0.53	0.53
食盐（%）	0.35	0.35
铁（mg/kg）	71	71
锌（mg/kg）	44	44
锰（mg/kg）	9	9
铜（mg/kg）	5	5
碘（mg/kg）	0.12	0.12
硒（mg/kg）	0.13	0.13
亚油酸（%）	0.1	0.1

注：维生素的标准未摘录其中

5. 乳仔猪饲养标准与日粮营养配方（表8-5）

表8-5　乳仔猪的日粮营养配方（% 干物质）

原料（%）	5~10kg 乳猪		10~20kg 仔猪	
	配方1	配方2	配方1	配方2
玉米	60	66	62	65
麸皮	0	6	10.5	7
构树粉	0	0	0	0

原料（%）	5~10kg乳猪		10~20kg仔猪	
	配方1	配方2	配方1	配方2
豆粕	32	22.35	20	20
进口鱼粉	0	3	5	3
国产鱼粉	0	0	0	0
菜籽粕	0	0	0	2
棉籽粕	0	0	0	0
柠檬酸	2	0	0	0
油脂	2	0	0	0
赖氨酸	0.2	0		
蛋氨酸	0.15	0		
碳酸钙	0.25	0	0.6	0.6
磷酸氢钙	2.1	1.5	0.9	1.3
食盐	0.3	0.1	0	0.1
仔猪复合预混料	1	1	1	1
合计	100	100	100	100

注：1kg仔猪复合预混料由硫酸铜80g、硫酸亚铁76g、硫酸锌49g、硫酸锰1.26g、碘化钾0.019g、亚硒酸钠0.067g、碳酸氢钠12.58g、阿美拉霉素0.3g、复合多维30g、紫月优生素20g、沸石730.77g组成。100kg日粮中用仔猪复合预混料1.0g，即在100kg日粮中用1kg仔猪复合预混料

6. 生长肥育猪饲养标准与日粮营养配方（表8-6）

表8-6 生长肥育猪日粮营养配方（%干物质）

原料（%）	体重20~35（kg）		体重35~60（kg）		体重60~90（kg）	
	配方1	配方2	配方1	配方2	配方1	配方2
玉米	62	65	65	66	65	74.7
麸皮	7.3	4.2	9.7	7.7	18.7	12
构树粉	3	3	3	3	3	3
豆粕	25	18	20	15	5	5
国产鱼粉	1	0	0	0	0	0
菜籽粕	0	8	0	0	4	0
棉籽粕	0	0	0	6	0	0
花生粕	0	0	0	0	2	0
葵花籽粕	0	0	0	0	0	3

（续表）

原料（%）	体重 20~35（kg）		体重 35~60（kg）		体重 60~90（kg）	
	配方1	配方2	配方1	配方2	配方1	配方2
碳酸钙	0	0	0.5	0.5	0.5	0.5
磷酸氢钙	0.5	0.5	0.5	0.5	0.5	0.5
食盐	0.2	0.3	0.2	0.3	0.3	0.3
预混料	1	1	1	1	1	1
合计	100	100	100	100	100	100

注：（1）20~60kg 生长肥育猪复合预混料由硫酸铜80g、硫酸亚铁76.2g、硫酸锌49.3g、硫酸锰1.26g、碘化钾0.019g、亚硒酸钠0.067g、碳酸氢钠12.58g、复合多维30g、紫月优生素20g、沸石730.574g组成。100kg 日粮中用1.0%，即为100kg 日粮中用1kg 生长肥育猪复合预混料

（2）60~90kg 肥育猪复合预混料由硫酸铜2.4g、硫酸亚铁53.3g、硫酸锌49.3g、硫酸锰1.26g、碘化钾0.019g、亚硝酸钠0.056g、碳酸氢钠12.58g、复合多维30g、紫月优生素20g、沸石831.085g组成。100kg 日粮中用1.0%，即为在100kg 日粮中1kg 生长肥育猪复合预混料

7. 妊娠哺乳母猪日粮营养配方（表8-7）

表8-7　妊娠哺乳母猪日粮营养配方（% 干物质）

原料（%）	妊娠母猪（kg）		哺乳母猪（kg）	
	配方1	配方2	配方1	配方2
玉米	75	70.5	66	71.8
麸皮	7	12	11.7	9
构树粉	3	3	3	3
鱼粉	4	5	5	3.5
豆粕	8	7	5	2
菜籽粕	0	0	7	3
棉籽粕	0	0	0	5
花生粕	0	0	0	0
碳酸钙	0.5	0.2	0.3	0.4
磷酸氢钙	1	1	0.73	0.8
食盐	0.2	0.15	0.1	0.2
赖氨酸	0.15	0.1	0.12	0.2
蛋氨酸	0.1	0.05	0.05	0.1
复合预混料	1	1	1	1
合计	100	100	100	100

注：复合预混料由硫酸铜2.4g、硫酸亚铁33g、硫酸锌18.8g、硫酸锰2.5g、碘化钾0.015g、亚硒酸钠0.02g、碳酸氢钠12.58g、复合多维30g、紫月优生素20g、沸石880.685g组成。在100kg 日粮中用1.0%，即在100kg 日粮中用1kg 复合预混料

8. 种公猪日粮营养配方（表8-8）

表8-8 种公猪日粮营养配方（% 干物质）

原料（%）	配种期（kg）	配种期（kg）
玉米	60	65
麸皮	13.2	1.75
构树粉	3	3
豆粕	20	25
鱼粉	0	1.5
碳酸钙	0	0
磷酸氢钙	2	2
食盐	0.5	0.5
赖氨酸	0.2	0.15
蛋氨酸	0.1	0.1
复合预混料	1	1
合计	100	100

注：复合预混料由硫酸铜 2.27g、硫酸亚铁 36.05g、硫酸锌 19.74g、碘化钾 0.015g、亚硒酸钠 0.029g、碳酸氢钠 12.58g、复合多维 30g、紫月优生素 20g、沸石 879.316g 组成% 。在 100kg 日粮中用 1.0%，即在 100kg 日粮中 1kg 复合预混料

四、猪的疾病防治

1. 猪的传染病预防

（1）预防接种。对猪瘟、口蹄疫、猪传染性胃肠炎、猪流行性腹泻、猪水疱病、猪伪狂犬病、猪丹毒、猪梭菌性肠炎和猪萎缩性鼻炎等烈性传染病，要进行定期的预防接种。

（2）建立规范科学的管理制度。

第一，完善消毒设施。猪场大门进口、每栋猪舍的进口设消毒池，紫外线灯、熏蒸设施、喷雾设施等应尽可能设置齐全。

第二，严格外来车辆和人员的消毒。对外来运输的车辆和必须进入猪舍的外来人员进行严格的消毒。

第三，严格区分生活和生产区。整个猪场的生活区和生产区必须严格隔离分开，非生产人员不随便进入生产区，必须进入时，应按卫生管理制度进行。生产人员要有专门的更衣室，上班时更衣更鞋，下班时沐浴更衣、更鞋。

第四，严格定期消毒制度。对猪舍、猪只、用具要定期消毒杀菌。

第五，严格引种隔离制度。一是到规范无疫病的猪场引种，二是引种后应在隔离场隔离观察饲养 1 周以上，在无疫病的前提下，方可进入养殖场。

第六，实行全进全出制度。即引进一批猪，出栏时全出，以利猪场的彻底打扫和消毒。

2. 积极治疗

如发现传染性疾病，应在最快的速度向当地畜牧兽医部门报告，并采取紧急应急预防和治疗措施。对一般性疾病进行对症治疗。

3. 对病死猪只的处理

按畜牧兽医部门的要求进行销毁处理。

4. 定期驱虫

寄生虫病对猪的生长繁殖有很大的影响，要定期用驱虫药物一次性对猪蛔虫病、猪囊虫病驱虫；对猪疥虫菌病、猪红皮病进行预防和治疗。

第二节　构树饲料在肉牛养殖中的应用

一、肉牛特殊的复胃结构

牛有瘤胃、网胃、瓣胃和皱胃4个胃室。业界把前3个胃称为前胃，前胃没有消化腺，不能分泌消化液，但口腔能分泌大量的唾液，加之瘤胃中有大量的瘤胃微生物，能对吃入的饲料起浸润、揉搓、软化及发酵作用。业界把第4个胃（皱胃）称为后胃，皱胃有消化腺，与单胃动物的胃相似，能分泌消化液，具有真正的消化功能，故把皱胃又称为真胃。

瘤胃是4个胃中最大的胃，成年牛的瘤胃容积约为175L，占胃总容积的80%，约占全部消化道容积的70%，约占整个腹腔的左半部，呈椭圆形，向上方连接食道，向下连接网胃，其黏膜有致密的乳头。

网胃是牛4个胃中最小的胃，约占胃总容积的5%，向上连瘤胃，向下连瓣胃，其胃壁黏膜呈蜂巢状，并布满角质化乳头，故又称蜂巢胃。网胃有很强的收缩力，随着网胃的收缩，瘤—网皱褶移位，将网胃内粗大稀疏的消化物便向上推入瘤胃，这一过程随瘤胃肌肉收缩而反复进行。同时，细小浓稠的消化物流入瓣胃，网胃在这一过程中担负了分类与过筛的作用。网胃是吸入水分的贮存库；同时能协同瘤胃助食团膈逆和排出胃内的发酵气体。瘤胃和网胃使纤维性饲料滞留时间较长，为有益微生物发酵提供了机会。但网胃因收缩力强，因其位置较低，与胸膈、心脏相邻，如有锐利的金属异物被误食入时，很容易被刺破，严重的进一步穿破胸膈而刺破心脏。因此，应在饲料加工时，用磁铁做好防范工作。

瓣胃约占胃总容积的8%，呈圆球形，很厚实，前与网胃相连，后于皱胃相连，黏膜呈大小相同的片状，很像叠层叶片，故又称百叶胃。瓣胃能挤压、吸收来自网胃的食糜中的水分，并能继续将食糜磨细。瓣胃送入皱胃食糜较干。

皱胃约占胃总容积的7%，呈弯曲的葫芦状，前与瓣胃相连，后与小肠想通，黏膜光滑柔软，有贲门腺、幽门腺和胃底腺，能分泌大量消化液，具有很强的消化吸收能力，其食糜呈流体状。未被消化的食糜被送入小肠继续消化。

（一）特殊的反刍功能

牛、羊、骆驼等反刍动物，与单胃动物最大的不同点在于具有反刍功能。它们采食饲料时，一般不经充分咀嚼就咽入瘤胃，饲料进入瘤胃后，与饮入的水和唾液混合后被揉磨、浸泡、软化、发酵、经过30~60min后在瘤胃和网胃的共同作用下，重新将饲料返回口腔仔细咀嚼，然后再进入瘤胃进行消化吸收，这个过程即为反刍过程。从反刍开始到结束要经过呃逆、咀嚼、分泌唾液混合和吞咽4个过程，叫做反刍周期。一般反刍动物在食入饲料后30~60min不等开始反刍，每个反刍周期持续40~50min，每个食团咀嚼60次左右，昼夜反刍15次左右，反刍时间为6~10h。反刍一般多集中在晚上，反刍高峰在天刚黑以后。犊牛在3周龄内因消化系统还不具备这个功能，通常在3周龄以后才开始出现反刍。

（二）瘤胃自身的营养及消化利用营养物质的特点

1. 瘤胃微生物

反刍动物的瘤胃内存在着瘤胃微生物区系，由瘤胃细菌、纤毛虫、瘤胃真菌、噬菌体等微生物组成。瘤胃中发酵的干物质占瘤胃容量的15%左右，转化率高。瘤胃微生物和纤毛原虫占瘤胃体积的3.6%。原虫比瘤胃细菌数量少，但体积大，其生物量与微生物相当。据科学测定，体重300kg的牛，瘤胃内容积约40升，大约含有4×10^{10}个原虫和4×10^{14}个细菌微生物。当瘤胃微生物充分繁殖时，微生物原浆约占瘤胃液体积的10%。瘤胃微生物在反刍动物体内协助消化各种饲料，并合成蛋白质、氨基酸、多糖及维生素，供其自身的生长与繁殖，最后将自身供作宿主的营养物质，这就是瘤胃微生物的作用。

2. 瘤胃内环境

（1）瘤胃温度。进入瘤胃的内容物在微生物的作用下发酵，可放出热量，加之反刍动物采食和反刍时间占比很长，瘤胃内总有容物，所以瘤胃内温度较体温高，正常时为 38.5～40℃，饮水后会使瘤胃内温度下降，约经2h 后恢复正常温度。瘤胃微生物在 39～39.5℃时最为活跃，高于或低于这个范围对瘤胃发酵不利。牛及其他反刍动物自身会用饮水调节其瘤胃温度，故应让其自由饮水。

（2）瘤胃 pH 值。瘤胃 pH 值的高低对牛等反刍动物的采食量、消化功能和健康影响极大，使瘤胃 pH 值维持在 6.6～7 最佳。

3. 瘤胃对碳水化合物的发酵和利用

碳水化合物是淀粉、可溶性糖类、纤维素、半纤维素、果胶等的统称，是能量的主要来源。淀粉和可溶性糖类能被动物体内分泌的消化酶分解，也能被瘤胃微生物所消化。但纤维素、半纤维素和果胶只能由瘤胃微生物的作用而被消化。瘤胃内全部的降解活动都是由微生物进行的。碳水化合物在瘤胃内的降解分为两大步骤：第一步是将淀粉、纤维素、半纤维素等高分子碳水化合物降解为单糖；第二步是将单糖降解为挥发性脂肪酸，其主要产物为乙酸、丙酸、丁酸、二氧化碳、甲烷和氢等。挥发性脂肪酸约有 75% 直接进入网胃并经网胃壁吸收进入血液，约 20% 在瓣胃和皱胃吸收，只有约 5% 的随食糜进入小肠。因而可满足肉牛等反刍动物维持和生产所需能量的 65% 左右。

纤维性饲料在反刍动物中的利用意义很大。当饲喂粗料型日粮时，瘤胃pH 值处于 6.6～7 的中性环境时，分解纤维的微生物最活跃，对粗纤维的消化利用率最高。因此，要保持瘤胃 pH 值为中性或弱酸性。适宜的蛋白质、可溶性糖和矿物质元素，是瘤胃微生物活动的需要，因此在日粮配制时要考虑这些因素。粗纤维的木质化程度越高，消化率越低。因此，农业部《饲料原料目录》中强调 1.5m 以下的乔灌木可做为粗饲料原料。在目前发现的木本饲料树种中，构树不但耐贫瘠，管理粗放，且生物量大，在株高 1.5m以下时刈割，比株高 1.5m 以上时刈割的全年产量不会降低；但株高 1.5m以下时刈割，其枝条幼嫩，木质化程度很低，枝叶比例几乎各占 50%，粗纤维含量低≤18%，而粗蛋白含量高达 20% 以上，可做为优质蛋白饲料源。而株高 1.5m 以上时刈割，其枝条和叶片老化，枝条木质化程度迅速升高，枝叶比例（比重）约为 8：2，枝叶混合粉碎后干物质的粗纤维含量高达47%，粗蛋白含量降到 10% 以下。

　　牛具有对非蛋白氮的降解与合成功能与单胃动物不同，瘤胃中的微生物同时能利用饲料中的粗蛋白、单细胞蛋白和非蛋白氮，从而构成微生物蛋白质，供机体利用。单胃动物不能利用非蛋白氮。瘤胃微生物利用非蛋白氮的形式是氨。氨的利用效率直接与氮的浓度和释放速度有关。瘤胃中氨的浓度过高，一是造成中毒，二是造成浪费；瘤胃微生物对氨的利用需一定的能源、矿物质和维生素，故在以粗饲料为主的日粮中，用尿素等氮源饲料补充蛋白质时，应兼顾高淀粉原料、矿物质和维生素的合理搭配才能发挥最佳效果。尿素有苦味，应由少到多逐渐加量饲喂。为了最大限度发挥反刍家畜利用非蛋白氮的效果，应合理设计饲料配方。因尿素等氮源饲料在瘤胃中分解速度快于合成速度，故应考虑将日粮中其他原料所含蛋白质的量控制在 10% 左右，方可添加尿素等非蛋白氮原料，尿素在日粮中的添加量在 3% ~ 5% 为宜。在采用尿素作为蛋白饲料源时，还应注意一个问题。那就是不宜与大豆同时采用，因大豆中含有尿素酶，会使尿素分解失去作用。大豆是人类的蛋白质食物，且磷脂含量高，比摄取动物蛋白质更有益身体健康。笔者认为，除必须用大豆作为部分饲料原料时，应尽量选择饼粕类饲料源。

　　4. 瘤胃微生物对脂肪的降解与氢化

　　瘤胃微生物对进入瘤胃的脂类物质具有三大功能：一是将部分脂类水解成低级脂肪酸（乙酸、丙酸和丁酸）和甘油，甘油又可被发酵产生丙酸。二是将不饱和脂肪酸氢化，转变成饱和脂肪酸；此外，脂肪酸在瘤胃中还可发生异化作用。三是能将脂肪酸合成奇数长链脂肪酸和支链脂肪酸。未被瘤胃降解、氢化的脂肪酸进入真胃和小肠后，在胆汁、胰腺液及肠液的作用下，进一步被吸收利用。未被瘤胃降解、氢化的脂肪称为"过瘤胃脂肪"。日粮中脂肪含有量不应超过 6%，因饲料原料中或高或低多含有一定脂肪酸，故当日粮中需添加油脂时，应考虑原料中自身含脂肪酸的因素，油脂添加量应控制在 ≤3%。

　　5. 胃微生物对维生素的合成功能

　　幼龄牛的消化系统未发育成熟或接近成熟，尤其是瘤胃及盲结肠，所需维生素必须由母奶和补饲料的饲料中提供；而接近成熟和成年牛，则可以利用瘤胃微生物和肠道微生物合成维生素 K 和 B 族维生素，但不能合成维生素 A、维生素 D、维生素 E，维生素 D 可经皮肤在阳光照射而合成，而维生素 A 则必须经日粮补充。

二、肉牛主选饲料原料及应用

（一）能量饲料原料

能量饲料是指在干物质中粗纤维的含量低于18%，粗蛋白质的含量低于20%，消化能≥10.456MJ/kg的谷实类、糠麸类、块根块茎类糖蜜类和油脂类饲料原料。根据我国国情和实用价值。主要选用以下原料作为能量饲料原料。

1. 玉米

玉米的有效能值是谷实类饲料最高的，是能量饲料主选原料，且经济合算。在牛的日粮中可采用粉碎成粗细≥2.5mm，炒香或高温蒸煮压扁再干燥后饲用。

2. 小麦麸

小麦麸俗称麸皮，是小麦加工面粉后的副产品。麸皮含能量水平较其他能量饲料低，粗蛋白质含量较谷实类高。块根块茎类糖蜜高，粗纤维含量较高，质地疏松有轻泻作用，是理想的调养性饲料，在肉牛生长育肥期宜与玉米搭配使用，用量最高20%。

3. 米糠

糙米加工的副产品，能量含量较麸皮高，粗蛋白质含量低，脂肪含量高，故易氧化、保存期短宜鲜用。可与麸皮合用，代替部分玉米，用量最高15%。应在此提及的是，米糠区别于砻糠和统糠。砻糠是稻谷的外壳或其粉碎品，粗蛋白只有3%，粗纤维含量在40%以上，且多数为木质素，对各种动物的饲用价值很低。统糠是砻糠和米糠的混合物，有三七统糠和二八统糠之分，有一定的营养价值，但利用价值不高，只能算粗饲料范畴。

4. 大麦麸

大麦麸是加工大麦时的副产品，营养价值不如小麦麸，对改善肉的品质有益，但用量不宜过高，以10%为宜。

5. 高粱糠

高粱糠是高粱加工的副产品，能量比小麦麸高，粗蛋白质与小麦麸相近；但其中含有单宁、适口性差，且易引起便秘，应控制用量在5%以内。

6. 玉米糠

玉米糠是玉米制品的副产品之一。营养价值与大麦麸相近，且含黄曲霉素高，应限制用量在5%以内。

7. 小米糠

小米糠由于含有秕谷和颖壳，粗纤维含量较高，介于能量饲料和粗饲料用量的边沿，粗蛋白含量约7%，不宜多用，用量在5%左右为宜。

8. 甘薯

又名红薯。新鲜甘薯的水分含量高达75%左右，甜而爽口，适口性好。脱水甘薯干中含淀粉和糖分等无氮浸出物，能量含量较高，可代替50%玉米等能量饲料。鲜薯保贮的适宜温度在13℃左右，保存不当易发芽和出现黑斑，黑斑甘薯有苦味且有毒，不能饲喂。甘薯脱水干燥后保存好，在饲用时粉碎混入饲料之中。另外，甘薯的藤叶是优质青饲料和青贮饲料原料。

9. 马铃薯

又称土豆。马铃薯块茎的干物质含量在25%左右，其中，80%以上为无氮浸出物，粗纤维含量少，能量值略比玉米低，粗蛋白质含量约9%，与玉米相当，但其主要是球蛋白，蛋白质的生物价值高。但马铃薯中含有一种叫做龙葵素的有毒配糖体，当贮存不当时，就会大量生成，存在于块茎的青绿色皮上芽眼和芽中，故在饲用前应去除。马铃薯可以生喂，但效果不如熟喂好。将马铃薯脱水干燥，饲用时粉碎后混入日粮饲料之中，可代替50%玉米用量。

10. 木薯

木薯能量值与甘薯相当，是一种能量饲料原料。但木薯中含有有毒的氢氰酸，需经脱皮、加热和干燥进行破坏。脱水干燥的木薯干，在饲用时粉碎后混入日粮之中，用量在20%为宜。

11. 糖蜜

糖蜜为制糖工业的副产品，与各种原料对应即某种糖蜜。甘蔗、甜菜、玉米葡萄、柑橘、木糖、高粱等糖蜜种类繁多。大多具有甜味，柑橘糖蜜略有苦味，糖蜜干物质含量在70%左右，pH值多在5.0～5.5；甜菜糖蜜的pH值在7.8左右。糖蜜具有黏稠性，适口性好，在饲料加工中可作为颗粒饲料的黏合剂，且能提供能源，也是调节青贮饲料糖分的最佳原料。做为青贮糖分调节，可添加2%，作为黏合剂可添加5%～10%，做为能源可用到10%～20%。

12. 油脂

油脂有动物性油脂和植物性油脂两大类。但按国家法规规定，牛只能使用植物性油脂。油脂具有三大主要作用，一是调味、二是供能，三是黏合作用。用量达2%～3%。

（二）蛋白质饲料

1. 植物蛋白质饲料

（1）大豆饼粕。大豆饼粕是大豆榨浸油脂后的副产物，有黄豆饼粕和黑豆饼粕两种，是使用最多的植物蛋白的原料。其粗蛋白质含量在40%～50%，必需氨基酸含量比其他植物性蛋白饲料高。但大豆饼粕中的蛋氨酸含量不足，应额外添加商品蛋氨酸。大豆饼粕适合各阶段的肉牛饲用，但长期采食有软便现象。大豆饼粕中含有抗营养因子，加之蛋氨酸含量不足，故在人工代乳料和开食料中应限制使用。其余阶段，与其他饼粕混合使用效果好，且经济实用。

（2）菜籽饼粕。菜籽饼粕是菜籽油榨取和浸提后的副产物。菜籽饼粕的粗蛋白质含量不如大豆饼粕和棉籽饼粕高，但氨基酸组成平衡。菜籽饼粕中含有芥子碱、硫葡萄糖、植酸、单宁等抗营养因子，适口性不如大豆饼粕等好，放在肉牛和奶牛日粮中应控制在10%以下的比例。可采用坑埋法脱毒，为避免繁琐，一般采取限制用量在10%。

（3）棉籽饼粕。棉籽饼粕是棉籽脱壳取油后的副产物。棉籽饼粕含粗蛋白34%，脱壳好的棉仁饼粕粗蛋白可达41%～44%，赖氨酸缺乏而蛋氨酸、色氨酸高于大豆饼粕，棉籽饼粕中钙含量低，磷含量高，但多为植酸。棉籽饼粕中的抗营养因子主要为棉酚、环丙烯脂肪酸、单宁和植酸。肉牛可以棉籽饼粕为主要蛋白质饲料，但应搭配合理。种用家畜不用棉籽饼粕。用硫酸亚铁可解除棉酚的毒素。

（4）花生饼粕。花生饼粕是花生脱壳后榨浸取油后的副产物。营养价值与大豆饼粕相当，同样含有抗胰蛋白酶，加温可破坏。花生饼粕的氨基酸含量不平衡，适合与菜籽饼粕搭配使用。花生饼粕中黄曲霉素含量较高，应注意其品质。

（5）向日葵饼粕。向日葵饼粕，是向日葵籽榨浸提油后的副产物。粗蛋白质含量低于其他饼粕28～32%，赖氨酸含量低，蛋氨酸含量较高，脱壳不好的饼粕粗纤维含量超过20%，因此，在饲用时注意一定的使用量。

（6）亚麻仁饼粕。亚麻仁饼粕是亚麻籽榨浸提油后的副产物，又称为胡麻饼粕。粗蛋白含量与棉籽饼粕、菜籽饼粕相当，钙、磷含量较高，微量元素硒含量高，是天然硒源饲料。亚麻饼粕中的抗营养因子有生氰糖苷、亚麻籽胶、抗维生素 B_6。生氰糖苷在亚麻酶的作用下，生成氢氰酸而有毒。

加温可破坏其毒性。亚麻仁饼粕宜于其他饼粕混合使用。

（7）芝麻饼粕。芝麻饼粕是芝麻榨浸取油后的副产物。芝麻饼粕粗蛋白含量在40%以上，是一种较好的蛋白质饲料。其含蛋氨酸、色氨酸、精氨酸含量丰富，但赖氨酸含量低，在日粮配制时，应与大豆饼粕、菜籽饼粕搭配使用。

2. 其他植物蛋白饲料

（1）玉米蛋白粉。玉米蛋白粉是玉米淀粉厂的副产物之一，为玉米除去淀粉、胚芽、外皮后剩下的产品。其粗蛋白含量在35%~60%，但氨基酸组成不平衡，可与其他蛋白饲料配合使用，占比在20%为宜。

（2）玉米酒精糟。玉米酒精糟是以玉米为主要原料生产酒精后经干燥处理后的副产物。分为干酒精糟，可溶干酒精糟和干酒精糟液。粗蛋白质含量在26%~22%。酒精糟有醇香味，能作肉牛能量饲料，又能作蛋白饲料的良好饲料原料。用量应占能量和蛋白饲料的40%左右。

3. 单细胞蛋白质饲料

单细胞蛋白质饲料是由单细胞生物个体组成的蛋白质含量较高的饲料，如饲料酵母。饲料酵母是指从淀粉、糖蜜以及味精、酒精等高浓度有机废液等碳水化合物作为主要原料，经液态通风培养酵母菌，并从其发酵料中分离酵母菌体经干燥制得的产品。饲料酵母有很多种，粗蛋白质含量较高，但适口性不好，在精料中可占比30%左右。

4. 非蛋白氮饲料

凡是含氮的非蛋白态的可饲用物质均可统称为非蛋白氮饲料（NPN）。NPN是一类简单的纯化合物，不能给动物提供能量和其他营养物质，只能供给反刍动物瘤胃微生物合成蛋白质所需的氮源。瘤胃微生物可以将饲料中的非蛋白氮转化为氨，进一步利用氨合成氨基酸，氨基酸被降解后产生的氨又可以相同的反式被反刍动物所利用。NPN可替代反刍动物部分蛋白质饲料。

（1）尿素。尿素〔$CO(NH_2)_2$〕为白色、无臭、结晶状，味微咸苦，易溶于水，吸湿性强。纯尿素含氮量46%，每千克尿素相当于2.8kg粗蛋白质，或相当于7kg豆粕的粗蛋白质含量。尿素在瘤胃中可被瘤胃微生物产生的脲酶转化为氨，进而被微生物所利用。尿素在瘤胃中转化速度快，反刍动物在进食含有尿素的饲料后，瘤胃中氨水平将迅速提高。日粮水平低于10%使用效果好，故在日粮粗蛋白为9%~10%时，每100kg体重日加用25g效果较好。

（2）碳酸氢铵。碳酸氢铵（NH_4HCO_3）又叫碳铵，白色结晶，易溶于水，不稳定。味极咸，有气味，含氨20%～21%，含氮17%，蛋白质当量10.6%。在青贮饲料中添加碳酸氢铵，pH值由3.5升高到4.0，可显著提高青贮饲料的品质。

（3）硫酸铵。硫酸铵（$(NH_4)_2SO_4$）又叫硫铵，呈无色结晶，易溶于水。工业级硫酸铵呈白色或微黄色结晶，含氮20%～21%，蛋白质当量12.5%；含硫25%～26%。因此，硫酸铵既可作为氮源也可作为硫源。在实际应用中将其与尿素以（2～3）：1混合后饲用。

（三）青绿饲料

青绿饲料指天然水分≥60%的多汁饲料。包括天然牧草、栽培牧草、青饲作物、多汁类和树叶类等。

1. 天然牧草

天然牧草主要有豆科、禾本科、菊科和莎草科四大类，干物质中无氮浸出物含量多在40%～50%。粗蛋白含量豆科最高，在15%～20%，莎草科次之，在13%～20%，禾本科和菊科最低，在10%～15%。粗纤维含量禾本科最高在30%左右，其他3类仅含2%～4%。天然牧草中钙含量高于磷，比例恰当。

2. 栽培牧草

（1）豆科牧草。苜蓿、草木樨、紫云英、苕子、三叶草、沙打旺、小冠花和红豆草等，与天然同类牧草营养价值相近。

（2）禾本科牧草。黑麦草、无芒雀麦、羊草、苏丹草、高丹草、黑麦、茅和象草等，与天然同类牧草营养价值相近。

3. 青饲作物

青饲作物是指农田农地栽培的农作物或饲料作物，在结实前或结实期收割直接作为饲用青绿饲料。但在我国人多地少，人与畜争粮的现实情况下，应因地制宜，在保证经济和社会效益的前提下实行。常见的青饲作物有青刈玉米，青刈大麦、青刈燕麦、大豆苗、豌豆苗和蚕豆苗等。充分利用荒山荒坡、盐碱地和困难地种植构树等木本饲料是一种有效的解决青绿饲料供应的重要途径。构树1年种植，10年以上受益，且管理粗放，产量高，每公顷产量100～150t（困难地100 t左右，农田150 t以上）。

4. 紫苏

紫苏属植物是起源于我国的一种药食兼用的重要经济作物，在我国已有

3 000多年的栽培历史，也是国家卫生部首批公布的既是食品、又是药品的60 多种植物之一；农业部《饲料原料目录》也将紫苏列入其中。紫苏全株均有较高的营养价值，种子、叶、茎、根、籽壳等营养丰富。它含丰富的蛋白质、人体和动物必需的 18 种氨基酸、90% 以上的不饱和脂肪酸、挥发油、苷类、黄酮类、紫苏多糖、多种维生素、纤维素、多种矿物质元素等，是人类迄今发现的油料作物和蔬菜作物都无法比拟的，堪称人体必需"营养库"。紫苏中有 16 种黄酮类化合物，具有调节血脂、抗氧化和抗菌作用。紫苏叶中含有紫苏叶挥发油，其中的紫苏醛和柠檬稀有协同抑制细菌生长的作用；紫苏醛与蓼二醛对多种细菌有协同抑制作用。研究人员发现紫苏挥发油对沙门氏杆菌属、金黄色葡萄球菌、化脓链球菌、大肠杆菌、假结核棒状杆菌均有抑制作用。紫苏挥发油不受 pH 值制约，对自然污染的霉菌具有明显的抑制作用。因此，用构树鲜嫩枝叶和鲜嫩紫苏茎叶搭配直接饲喂家畜家禽，或混合青贮，不但营养丰富全面，适口性好，且能起到提高家畜家禽的自身免疫力、抗病力，防止饲料霉烂变质，提高肉蛋奶品质的特殊功效。用作青绿饲料和青贮饲料的比例为 7∶3；用作防霉防腐抗氧化时，紫苏茎叶的比例为 5% ~10%。

5. 多汁类青绿饲料

胡萝卜、南瓜等天然水分含量高，粗纤维含量低，而无氮浸出物含量较高，且为易消化的淀粉和糖分。

（1）胡萝卜。营养价值高且较全面，适口性好，对牛的生长、保健、对种公牛精子的正常生成及牛的正常发情，排卵、受孕与怀胎都有良好作用。胡萝卜宜洗净生喂。

（2）南瓜。南瓜是一种优质高产的饲料作物，营养丰富、易贮藏和运输，但水分含量高，应与构树粉等混合饲喂，其比例为 10∶1.5。

6. 树叶类

《饲料原料目录》中规定一些株高 1.5m 以下的多年生木本植物（灌木、或树木）茎叶可作为粗饲料原料。事实上，除少数树木枝叶中含有有毒物质和大量抗营养因子外，多数是可以作为饲料原料的。有的还可以做为蛋白质饲料原料。目前常用的树叶类饲料有。

（1）紫穗槐叶。各种紫穗槐叶干物质中粗蛋白质的质量都在 20% 以上，粗纤维含量都在 18% 以下，氨基酸、维生素、矿物质含量丰富，可作为植物蛋白质饲料原料，用量 10% ~15%。

（2）泡桐叶。泡桐叶干物质中粗蛋白质含量 19.3%，粗纤维含量 11.1%，粗脂肪为 5.82%。鲜叶味道不佳，干叶可用于生长育肥期的家畜，用量不宜过大，为 5%～10%。

（3）桑树枝叶。桑树枝叶宜鲜用，鲜叶中干物质含量 28.20%、粗蛋白质 4.0%、粗纤维 6.5%、无氮浸出物 9.3%、粗灰分 4.8%。宜作青贮饲料原料。

（4）苹果枝叶。在苹果采摘后，将较嫩枝条剪下加工成 2～3cm 的碎条混合青贮 30～40d 后饲喂。

（5）橘树枝叶。橘树枝叶的粗蛋白含量是稻草的 3 倍，维生素 C 含量丰富，还含有糖、淀粉和挥发油，在橘果收摘后整枝剪下，切碎成 2～3cm 混合青贮 30～40d 后饲喂。

（6）松针。松针干物质含量在 50% 以上，油脂含量高，故能量含量高达 9.66～10.37 MJ/kg，粗蛋白质含量为 6.5%～9.6%，粗纤维含量为 14.6%～17.6%，钙 0.45%～0.62%，磷 0.02%～0.04%，富含维生素、微量元素、氨基酸、激素和抗生素等。对家禽家畜均有提高免疫力，抗病性强，促生长的作用。用量在 5% 以内为宜。

（四）粗饲料

粗饲料是指干物质中粗纤维含量在 18% 以上的干草类、农副产品秸秆类、枝叶类、糟渣类等。

1. 青干草

青干草是北方地区人们为了保证家畜、家禽冬春两季饲用的需要，将豆科类、禾本科类等青草用天然和人工干燥方法，将水分降到 12%～15%，供贮存的干青草制品。青干草粗纤维含量高，体积松散大，在单胃家畜家禽中的饲用比例应控制在 5%～10%；反刍家畜则可用到 25% 左右。

2. 农副产品秸秆类

农副产品秸秆类饲料是指农作物在籽实成熟收籽后的茎秆及附着的叶片，统称为秸秆饲料。包括玉米秸、稻草、麦秸和粟秸等禾本科秸秆、豆科类秸秆、薯藤类。秸秆类饲料粗纤维含量高，质地坚硬，但含有一定的营养成分，值得开发利用。主要应用对象是牛、羊等反刍家畜和单胃家畜家禽中的草食动物。为提高饲用效果，一般需经物理处理（机械切、揉碎）和化学（氨化、碱化、盐化）处理。由于其营养成分不全面，饲用时还需按所饲家畜的营养需要添加各类营养物质。秸秆类饲料在日粮中的比例在

20% ~25%。但在其他粗饲料缺乏时，在调制、添加营养物质恰当的前提下，可适当增加饲用比例。

（1）薯藤类。甘薯藤等含有一定的能量，粗蛋白在 9.2%，钙含量达 1.76%，但其中少有抗营养因子是一种优质的粗饲料，鲜喂和青贮效果比干贮好。

（2）秕壳饲料。农作物饱满籽实收获后，除秸秆外剩下的含壳的不饱满籽粒即脱壳和荚壳与外皮等统称为秕壳饲料。秕壳饲料除豆荚壳外，其余的营养价值较低，粗纤维含量高，且质地坚硬。在粗饲料原料短缺时可混入日粮 5% 左右。

（五）矿物质饲料

矿物质饲料包括常量和微量矿物质饲料两大类。常量矿物质饲料在动物体内含量高于 0.01%，故称常量矿物质饲料，在饲料中用百分比表示。微量矿物质饲料在动物体内含量低于 0.01%，故称微量矿物质饲料，在饲料计量中用 mg/kg 表示。

1. 常量矿物质饲料包括含有钙、磷、钠、氯、钾、镁和硫等饲料

（1）含钙饲料。石粉为天然的碳酸钙（$CaCO_3$），由天然矿石粉碎而成，含钙量 35.89%；轻质碳酸钙为白色粉末，是用石灰石煅烧成氧化钙后，加水调制成石灰乳，再经二氧化碳作用而生成的沉淀碳酸钙，含钙量高于石粉、杂质少。

（2）含磷饲料。磷酸氢钙为白色或灰白色粉末，分为无水盐（$CaHPO_4$）和二水盐（$CaHPO_4 \cdot 2H_2O$）两种，含磷 18%、钙 21%；磷酸二氢钾（KH_2PO_4）为无色或白色结晶粉末，水溶性好，易吸收利用，可提供磷和钾，含磷量 ≥22%、含钾 ≥28%，可与磷酸氢钙搭配使用。两种混用量 1% ~2%，单用 0.5% ~1.0%。

（3）含钠饲料。食盐又称氯化钠，为白色粉末，含钠 39.7%，含氯 60.3%，使用量 0.5% ~1%；碳酸氢钠又名小苏打（$NaHCO_3$），为白色粉末或不透明单斜晶系细微结晶，含钠 ≥27%，水解呈弱碱性，可代替食盐补充钠，也可调节瘤胃 pH 值，添加量 0.5% ~2%；乙酸钠又名醋酸钠（$CH_3COONa \cdot 3H_2O$），无色透明晶体。乙酸钠在体内可转变为乙酸和钠离子，既能提供能量，又能补钠。乙酸钠对牛的繁殖和泌乳均有良好作用。除了作乳脂的前体外，还影响机体内脂肪库的代谢，亦能激活类固醇激素。乙酸钠无毒，还可预防酸中毒，可按每 100kg 体重补饲 50g。

（4）含钾饲料。氯化钾（KCl）为无色立方晶体或白色晶体，含钾52.19%，含氯47.31%。氯化钾易溶于水，在夏天用于补钾、补氯和平衡电解质。饮水中补充量为0.15%~0.3%或日粮中的补充0.3%~0.5%。

（5）含氯饲料。氯化钠、氯化钾。

（6）含硫饲料。无水硫酸钠又叫芒硝（Na_2SO_4），为白色单斜晶系细小结晶或粉末。含钠≥32%，含硫≥22%，是补钠和硫的优良原料。

（7）含镁饲料。氧化镁是白色粉末，不溶于水和乙醇。流动性好、易于加工和贮存。属于无机镁源，碱化剂，能提高瘤胃pH值，还可提高乳腺对血代谢物的摄取，提高乳脂率；硫酸镁为白色或无色结晶或白色粉末，含镁量9.73%、含硫量12.88%，易溶于水，生物学利用率高。成本低，是优良的补硫、补镁饲料，注意有轻泻作用。

2. 微量矿物质饲料

必需的微量矿物质元素有铁、铜、锌、锰、碘、硒、钴、钼、氟、铬和硼等。

（1）含铁饲料。硫酸亚铁（$FeSO_4 \cdot 7H_2O$）又称绿矾或铁矾，含铁量20.1%；氨基酸螯合铁目前有赖氨酸亚铁（$Fe-Lys_2$）、蛋氨酸亚铁（$Fe-Met_2$）、甘氨酸亚铁（$Fe-Gly_2$）、DL-苏氨酸铁、DC苏氨酸亚铁等、氨基酸螯合铁与无机盐相比，其生物活性高，吸收率好，代谢利用好，但生产成本高。

（2）含铜饲料。硫酸铜又称蓝矾或胆矾（$CuSO_4 \cdot 5H_2O$），为蓝色透明的三斜结晶或蓝色颗粒或浅蓝色粉末。硫酸铜含铜量25.44%，除去杂质为25.07%，含硫量12.84%，除去杂质12.64%；无水硫酸铜为白色或微绿白色斜方结晶或无定形粉末，含铜量39.81%，含硫量20.09%；蛋氨酸铜，含铜17.5%、蛋氨酸80%；赖氨酸铜含铜8%、赖氨酸45.5%，添加量10mg/kg。

（3）含锌饲料。硫酸锌又称皓矾、锌矾，$ZnSO_4 \cdot 7H_2O$含锌22.7%，含硫11.1%；$ZnSO_4 \cdot H_2O$，含锌36.4%，含硫17.9%。白色结晶或粉末，溶于水生物利用率高。

蛋氨酸锌分子式为$C_{10}H_{10}N_2O_4S_2Zn$，含锌10%，类白色或白色粉末。

赖氨酸锌分子式为$C_{12}H_{26}N_4O_4Zn$，含锌10%，黄色或浅黄色粉末。

（4）含锰饲料。硫酸锰有三种结晶水的，淡红色结晶，结晶水多的颜色稍深。$MnSO_4 \cdot 7H_2O$，含锰19.89%，含硫11.6%；$MnSO_4 \cdot 5H_2O$，含锰

238%，含硫 13.3%；$MnSO_4 \cdot H_2O$，含锰 32.5%，含硫 19.0%。

（5）含碘饲料。碘化钾 KI，含碘 76.4%、含钾 23.6%，无色或白色立方晶体，易溶于水；碘酸钾 KIO_3，含碘 59.3%，含钾 18.3%，无色单斜晶系结晶或白色粉末，溶于水。

蛋氨酸碘 $C_5H_{12}N_nSI$，含碘 1%，淡黄色粉末，稳定性好，不破坏维生素和催化油脂氧化，是一种优选的含碘饲料。

（6）含硒饲料。亚硒酸钠（Na_2SeO_3），白色至粉红色结晶或结晶性粉末，易溶于水，含硒 45.62%，含钠 26.60%。

酵母硒含硒 1mg/kg，是一种稳定的硒蛋白化合物，在瘤胃中使硒释放缓慢。在无机硒用量极小，不易操作的情况下，应优选酵母硒。

蛋氨酸硒含硒 ≥5 800mg/kg，结合硒含量 ≥1 500mg/kg，是硒离子和蛋氨酸螯和而成，具有环状结构的配合物，可以顺利通过瘤胃。加上在无机硒用量极小，不易操作，应首选蛋氨酸硒。

（7）含钴饲料。氯化钴（$CoCl_2$），含钴 45.4%，含氯 54.6%；$CoCl_2 \cdot H_2O$，含钴 39.9%，含氯 47.98%；$CoCl_2 \cdot 6H_2O$，含钴 24.8%，含氯 29.82%。随着结晶水的增加，颜色呈淡蓝色、浅紫色、红色或红紫色结晶，溶于水，因用量极小，需溶于水后加入载体预混成 1% 预混料后再加入日粮中使用。

（8）含铬饲料。酵母铬一种新型的有机铬添加剂。其铬的吸收率达 10% ~25%。使用安全，既能提供菌体蛋白，又能提供铬元素。

（9）含钼饲料。钼酸铵〔$(NH_4)_6Mo_7O_{24} \cdot 4H_2O$〕含钼 54.3%，钼是细菌氢化酶的组成成分，对前胃微生物具有刺激和促进作用、钼和铜在吸收上相互拮抗，在高铜饲料时应注意补钼，但饲料中钼的总量不得超过 25mg/kg。

3. 天然矿物质饲料

（1）沸石。沸石是沸石族矿物质的总称，有 40 余种，最有饲用价值的是斜发沸石和丝光沸石。天然沸石是含碱金属和碱土金属的含水铝硫酸盐类，大都是三维硅氧四面体及三维铝氧四面体骨架结构，晶体内都具多孔径均匀一致的孔道和内表面积很大的孔穴（$500 \sim 1\ 000m^2/g$），孔道和孔穴两者的体积占沸石总体积的 50% 以上。在饲料生产中沸石常用作微量元素添加剂的载体和稀释剂，可用作饮水的净化剂，也可用于饲料防结块剂。

（2）麦饭石。麦饭石是一种中酸性岩浆岩矿物质，主要成分是二氧化硅和三氧化二铝。麦饭石具有多孔性海绵状结构，溶于水时会产生大量的负电荷的酸根离子，具有很强的选择吸附性，可减少动物体内病原菌和重金属元素等对自身的侵害。麦饭石含有钾、钠、钙、镁、铜、锌、铁、硒等有益常量和微量元素，可作为饲料添加剂，也可作为微量元素和维生素添加剂的载体和稀释剂，还可以降低棉籽饼粕中的毒素。

（3）膨润土。膨润土是由酸性火山凝灰岩变化而成，俗称白黏土。它含有多种动物必需的常量和微量元素，这些元素是以可交换的离子和可溶性盐的形式存在，易被吸收利用。膨润土具有良好的吸水性和膨胀性功能，可延缓饲料通过消化道的速度，从而提高饲料的利用率。膨润土的黏结性好，可作为生产颗粒饲料的黏结剂。

（4）海泡石。海泡石是一种稀有矿石，呈特殊层链状晶体结构，可吸附自身量200%～250%的水分。海泡石的阳离子交换能力较低，具有较高的化学稳定性，用作微量元素载体或稀释剂时不会与被载的活性物质发生反应，是一种优良的微量元素预混料载体。海泡石可以增加颗粒饲料的黏合力，饲料中的油脂较高时，用海泡石作黏合剂最佳。用量2%～4%。

（六）饲料添加剂

1. 氨基酸饲料添加剂

目前主要有蛋氨酸和赖氨酸两种，氨基酸饲料作为添加剂，反刍动物蛋氨酸为第一限制性氨基酸，赖氨酸为第二限制性氨基酸；而单胃动物则反之，赖氨酸为第一限制性氨基酸，蛋氨酸为第二限制性氨基酸。饲料中无论蛋白质含量多少，最终都要转化成氨基酸才能吸收。氨基酸含量齐全，结构合理才能称为理想氨基酸。所以在配制日粮时，往往要添加限制性氨基酸，才能保证饲料中蛋白质品质。但反刍动物瘤胃微生物对普通的氨基酸产品具有降解作用，目前多采用 N 羟甲基蛋氨酸钙，又称保护性蛋氨酸。商品名称为麦普伦，含蛋氨酸＞67.6%。

2. 维生素饲料添加剂

维生素是维持动物正常生理机能和生命活动必不可少的一类低分子有机化合物。分为水溶性和脂溶性两大类。水溶性包括 B 族维生素和维生素 C，脂溶性包括维生素 A、维生素 D、维生素 E 和维生素 K。禽类除维生素 B_1 维生素 B_6、生物素和叶酸一般饲料可满足外，其余维生素都需添加商品维生素。猪在各阶段的日粮中都应添加维生素 A、维生素 D、维生素 B_{12}、维生素 B_2、烟酸、泛酸、胆碱。应激状态下，还应添加维生素 K、维生素 E、生物素和维生素 B_6；单胃草食家畜：日粮应添加维生素 A 和维生素 E；反刍动物：放牧时需添加维生素 A 和维生素 E。限制饲养需添加维生素 A、维生素 E、维生素 D，应激和高产时应添加维生素 B₁ 和烟酸；舍饲补充 B 族维生素能降低死亡率；犊牛代乳料需添加维生素 A、维生素 D、维生素 E、维生素 C 和 B 族维生素。

3. 微生态制剂

微生态制剂又称益生素，是一种有益的活菌制剂，主要有乳酸杆菌制剂、枯草杆菌制剂、双歧杆菌制剂、链球菌制剂和曲霉菌类制剂等。益生素通过产生抗菌化合物，如有机酸、菌毒素及其他抗菌物质，与病原菌竞争营养物质和肠道生存空间而抑制病原微生物的生长。双歧杆菌制剂为肠道有益菌提供营养，促进其增殖。微生态制剂能够刺激动物产生干扰素，提高免疫球蛋白浓度和噬细胞活性，从而增强抗病能力。

4. 酶制剂

酶是生物体内代谢的催化剂。其作用主要是补充内源酶的不足，促进饲料的消化和吸收。主要用于断奶仔猪、肉鸡、雏鸡和犊牛等功能尚未发育完全的幼畜幼禽。

5. 瘤胃发酵调控剂

（1）缓冲剂。日粮添加缓冲剂可避免瘤胃 pH 值下降，平衡电解值维持正常瘤胃 pH 值环境，增加干物质采食量，提高生产能力。使用对象及时机：泌乳初期的高产奶牛，日粮中精饲料比例大于粗料比例时，长期饲喂青贮饲料的，夏天泌乳牛食欲下降时，日粮从粗料型转换到精饲料型时（突出肥育期）。还可防止产蛋鸡因热应激引起蛋壳质量下降。最佳的缓冲剂是碳酸氢钠（小苏打）与氧化镁混合应用，其比例为精饲料量的 1.0% ~ 1.5%，2/3 的小苏打、1/3 的氧化镁。

（2）脲酶抑制剂。脲酶抑制剂是通过抑制肠道的脲酶活性来减缓尿素硫铵等外源氨的生成量从而达到控制动物体内氨浓度过高的目的。常用的有乙酰氧酸，能抑制反刍动物瘤胃微生物脲酶活性，调节瘤胃微生物代谢，提高微生物蛋白质合成量和提高纤维素消化率，降低瘤胃内尿素和硫铵分解速度，从而起到提高氨的利用率，避免氨中毒，提高日增重和产奶量，降低饲养成本，提高经济效益。在饲喂时按 5% 的比例添加到加氨的日粮中饲喂。

（3）甲烷抑制剂。甲烷是反刍动物消化过程中的产物，以嗳气的方式排出体外。饲料的消化率降低，甲烷的排放量增大，饲料中的能量损失也随着增大。甲烷抑制剂能降低单位饲料甲烷的生成量，从而提高饲料利用率。

常用的阳离子载体有莫能霉素和盐霉素等，能抑制甲烷菌产生氢和甲酸，减少甲烷的生成，莫能霉素还能提高非蛋白氮的利用率。此外，延胡索酸等有机酸产品，可提高除甲烷菌外的其他细菌对氢和甲酸的利用，用来作为电子供体从而降低甲烷的产生。

6. 饲料防霉剂

（1）丙酸。可抑制饲料霉菌的生长，降低饲料中霉菌数量，防止有害微生物产生毒素，从而延长饲料的贮存期，添加量 500～1 500mg/kg，在饲料的 pH 值 <5 时效果最佳。

（2）丙酸钙。饲料中添加0.2%～0.3%。

（3）乙氧基喹啉。乙氧基喹啉又称乙氧喹，是一种人工合成的抗氧化剂，有水溶剂和甘油溶剂两种。可防止饲料中油脂酸败，蛋白质氧化、维生素 A、维生素 E、维生素 D 变质。添加量 50～150mg/kg。

7. 饲料抗氧化剂

紫苏是一种天然防霉、防腐和抗氧化剂，在饲料中用紫苏茎叶添加其中，可以不用化学产品。紫苏茎叶具有丰富而全面的营养价值，还可以提高家畜家禽的免疫力和抗病能力。添加量5%～10%。

8. 紫月优生素

又名紫苏籽提取饲料添加剂。于 2007 年被农业部饲料评审委员会评定为"安全、有效、不污染环境"的饲料添加剂，2010 年 5 月科技部授予紫苏籽提取物为国家火炬计划产业项目，并获得国家发明专利，是动物日粮中抗生素的最佳替代品。紫月优生素的主要活性成分为 α -亚麻酸、亚油酸和黄酮，可激活动物体内脱氢酶和增碳酶的活性，提高动物将 α 亚麻酸和亚油酸转变成 EPA（二十碳五烯酸）、DHA（二十二碳六烯酸，又叫脑黄金）、AA（花生四烯酸）、前列腺素 E_1、前列腺素 E_2、前列腺素 E_3 等一系列强生理活性物质的速度和效率；各种活性物质协同调节动物内分泌、激活各种免疫细胞、消化酶及蛋白质合成酶的活性、抑制脂肪合成酶的活性，有效协同动物机体免疫系统、消化系统、内分泌系统等各方面功能，促进动物体内养分优化分配，加快动物健康生长，增强动物抵抗疾病的能力，提高动物产品品质，使动物达到最佳生产水平。

三、各阶段肉牛的饲料配方及管理要点

（一）犊牛代乳料配方管理要点

1. 7～30 日龄犊牛代乳料配方

乳清粉 21%、脱脂奶粉 39.5%、乳化脂肪 19.5%、糖蜜 8%、酵母蛋白粉 9.8%、磷酸氢钙 1%、食盐 1%、复合预混料 0.2%。

2. 31～90 日龄犊牛代乳料配方

炒熟玉米 32.3%、熟化豆粕 30%、乳清粉 16%、乳化脂肪 10%、糖蜜 5%、酵母蛋白粉 3.5%、磷酸氢钙 2%、食盐 1%、复合预混料 0.2%。

3. 91 日龄至断奶犊牛代乳料配方

玉米（炒熟）33%、豆粕（熟化）33%、麸皮 9.5%、乳清粉 8%、乳化脂肪 5%、酵母蛋白粉 9.3%、磷酸氢钙 1%、食盐 1%、复合预混料 0.2%。

（二）断奶至 150kg 以下犊牛料配方

1. 配方 A

玉米（炒香）71.8%、豆粕 10%、棉粕 5%、菜籽粕 5%、酵母蛋白粉 5%、磷酸氢钙 1%、食盐 0.5%、预混料 0.2%、小苏打 1%、氧化镁 0.5%、构树混合青贮饲料占日干物质采食量 50%。

2. 配方 B

玉米（炒香）68.8%、豆粕 15%、棉籽粕 5%、菜籽粕 5%、酵母蛋白粉 3%、磷酸氢钙 1%、食盐 0.5%、小苏打 1%、氧化镁 0.5%、复合预混料 0.2%。构树混合青贮饲料占日粮干物质采食量的 50%。

注：犊牛日采食干物质量按体重的 2.5% 计算。

构树混合青贮饲料水分含 70%，应将干物质饲喂折合成饲喂态。计算公式为：

$$构树混合青贮饲料饲喂量\, kg/d = \frac{干物质饲喂\, kg/d \times 50\%}{1-（70\%）}$$

例如：100kg 犊牛，日采食干物质 2.5kg、精饲料为 2.5kg × 50% = 1.25kg/d。构树混合青贮饲料 $kg/d = \dfrac{2.5kg \times 50\%}{1-（70\%）} = \dfrac{1.25kg}{0.30} = 4.16kg/d$。

即：100kg 犊牛采食精饲料 1.25kg/d，构树混合青贮饲料 4.16kg/d。

（三）生长育肥肉牛的日粮配方

1. 150kg 体重生长育肥牛日增重 1.0kg 推荐日粮营养配方（表 8 - 9）

表 8 - 9　150kg 体重生长育肥牛日增重 1.0kg 推荐日粮营养配方

饲料	饲喂量（kg）	占日粮（%）	占精饲料（%）	备　注
玉米	1.52	16.38	68.6	注：1kg 牛用复合预混料由硫酸亚铁 30g、硫酸锌 20g、硫酸铜 5g、硫酸锰 20g、氯化钴 1.15g、碘化钾 0.5g、维生素 A（100 万 IU）5g、维生素 D₃（50 万 IU）2g、维生素 E（50%）7.5g、紫月优生素 125g、沸石或麸皮 803.85g、预混合而成。复合预混料 0.2%。即在 100kg 精料补充中用 200g 复合预混料
麦麸	0.31	3.33	13.9	
豆粕	0.2	2.15	8.97	
棉粕	0.2	2.15	8.97	
构树青贮	5.64	60.77	—	
氨化秸秆	0.56	6.03	—	
胡萝卜	0.76	8.19	—	
食盐	0.02	0.21	—	
磷酸氢钙	0.02	0.21	—	
小苏打	0.02	0.21	—	
氧化镁	0.02	0.1	—	
复合预混料	0.01	0.21	—	
合计	9.28	100	100	

2. 200kg 体重生长育肥牛日增重 1.0kg 推荐日粮营养配方（表 8 - 10）

表 8 - 10　200kg 体重生长育肥牛日增重 1.0kg 推荐日粮营养配方

饲料	饲喂量（kg）	占日粮（%）	占精饲料（%）	备　注
玉米	1.29	16.45	68.32	注：1kg 牛用复合预混料由硫酸亚铁 30g、硫酸锌 20g、硫酸铜 5g、硫酸锰 20g、氯化钴 1.15g、碘化钾 0.5g、维生素 A（100 万 IU）5g、维生素 D₃（50 万 IU）2g、维生素 E（50%）7.5g、紫月优生素 125g、沸石或麸皮 803.85g、预混合而成。复合预混料 0.2%。即在 100kg 精料补充中用 200g 复合预混料
麸皮	0.37	3.4	14.12	
豆粕	0.22	2.02	8.4	
棉粕	0.24	2.21	9.16	
棉籽粕	—			
构树青贮	6.61	60.75	—	
氨化秸秆	0.66	6.07	—	
胡萝卜	0.89	8.18	—	
食盐	0.02	0.18	—	
磷酸氢钙	0.02	0.18	—	
小苏打	0.02	0.18	—	
氧化镁	0.01	0.09	—	
预复合混料	0.02	0.18	—	
合计	10.87	100	100	

3. 250kg 体重生长育肥牛日增重 1.0kg 日粮营养配方 (表 8 - 11)

表 8 - 11　250kg 体重生长育肥牛日增重 1.0kg 推荐日粮营养配方

饲料	饲喂量 (kg)	占日粮 (%)	占精饲料 (%)	备　注
玉米	2.04	16.45	68.23	
麸皮	0.42	3.39	14.05	
豆粕	0.21	1.69	7.02	注：1kg 牛用复合预混料由硫酸
棉粕	0.16	1.29	5.35	亚铁 30g、硫酸锌 20g、硫酸铜
菜籽粕	0.16	1.29	5.35	5g、硫酸锰 20g、氯化钴 1.15g、
构树青贮	7.55	60.89	—	碘化钾 0.5g、维生素 A（100 万
氨化秸秆	0.75	6.05	—	IU）5g、维生素 D₃（50 万 IU）
胡萝卜	1.02	8.23	—	2g、维生素 E（50%）7.5g、紫
食盐	0.02	0.16	—	月优生素 125g、沸石或麸皮
磷酸氢钙	0.02	0.16	—	803.85g、预混合而成。复合预混
小苏打	0.02	0.16	—	料 0.2%。即在 100kg 精料补充
氧化镁	0.01	0.08	—	中用 200g 复合预混料
预混料	0.02	0.16	—	
合计	12.4	100	100	

4. 300kg 体重生长育肥牛日增重 1.0kg 日粮营养配方 (表 8 - 12)

表 8 - 12　300kg 体重生长育肥牛日增重 1.0kg 推荐日粮营养配方

饲料	饲喂量 (kg)	占日粮 (%)	占精饲料 (%)	备　注
玉米	2.27	16.39	67.96	
麸皮	0.48	3.47	14.37	
豆粕	0.2	1.44	5.99	注：1kg 牛用复合预混料由硫酸
棉粕	0.2	1.44	5.99	亚铁 30g、硫酸锌 20g、硫酸铜
菜籽粕	0.9	1.37	5.69	5g、硫酸锰 20g、氯化钴 1.15g、
构树青贮	8.44	60.94	—	碘化钾 0.5g、维生素 A（100 万
氨化秸秆	0.84	6.06	—	IU）5g、维生素 D₃（50 万 IU）
胡萝卜	1.14	8.23	—	2g、维生素 E（50%）7.5g、紫
食盐	0.02	0.15	—	月优生素 125g、沸石或麸皮
磷酸氢钙	0.02	0.15	—	803.85g、预混合而成。复合预混
小苏打	0.02	0.15	—	料 0.2%。即在 100kg 精料补充
氧化镁	0.01	0.07	—	中用 200g 复合预混料
预混料	0.02	0.15	—	
合计	13.85	100	100	

5. 350kg 体重生长育肥牛日增重 1.0kg 日粮营养配方（表 8-13）

表 8-13　350kg 体重生长育肥牛日增重 1.0kg 推荐日粮营养配方

饲料	饲喂量（kg）	占日粮（%）	占精饲料（%）	备 注
玉米	2.5	16.33	67.75	
麸皮	0.55	3.59	14.63	
豆粕	0.29	1.89	7.86	注：1kg 牛用复合预混料由硫酸
棉粕	0.18	1.18	4.88	亚铁 30g、硫酸锌 20g、硫酸铜
菜籽粕	0.18	1.18	4.88	5g、硫酸锰 20g、氯化钴 1.15g、
构树青贮	9.32	60.88	—	碘化钾 0.5g、维生素 A（100 万
氨化秸秆	0.92	6.01	—	IU）5g、维生素 D_3（50 万 IU）
胡萝卜	1.26	8.22	—	2g、维生素 E（50%）7.5g、紫
食盐	0.03	0.2	—	月优生素 125g、沸石或麸皮
磷酸氢钙	0.03	0.2	—	803.85g、预混合而成。复合预混
小苏打	0.02	0.12	—	料 0.2%。即在 100kg 精料补充
氧化镁	0.01	0.06	—	中用 200g 复合预混料
复合预混料	0.02	0.13	—	
合计	15.31	100	—	

6. 400kg 体重生长育肥牛日增重 1.0kg 日粮营养配方（表 8-14）

表 8-14　400kg 体重生长育肥牛日增重 1.0kg 推荐日粮营养配方

饲料	饲喂量（kg）	占日粮（%）	精饲料（%）	备 注
玉米	2.74	16.43	68.16	
麸皮	0.57	3.42	13.93	
豆粕	0.2	1.2	4.97	注：1kg 牛用复合预混料由硫酸
棉粕	0.25	1.5	6.22	亚铁 30g、硫酸锌 20g、硫酸铜
菜籽粕	0.27	1.62	6.27	5g、硫酸锰 20g、氯化钴 1.15g、
构树青贮	10.16	60.91	—	碘化钾 0.5g、维生素 A（100 万
氨化秸秆	1.01	6.05	—	IU）5g、维生素 D_3（50 万 IU）
胡萝卜	1.37	8.21	—	2g、维生素 E（50%）7.5g、紫
食盐	0.03	0.18	—	月优生素 125g、沸石或麸皮
磷酸氢钙	0.03	0.18	—	803.85g、预混合而成。复合预混
小苏打	0.02	0.12	—	料 0.2%。即在 100kg 精料补充
氧化镁	0.01	0.06	—	中用 200g 复合预混料
复合预混料	0.02	0.12	—	
合计	16.68	100	100	

7. 450kg 体重生长育肥牛日增重 1.2kg 日粮营养配方（表 8 – 15）

表 8 – 15　450kg 体重生长育肥牛日增重 1.2kg 推荐日粮营养配方

饲料	饲喂量（kg）	占日粮（%）	占精饲料（%）	备　注
玉米	3.37	17.53	68.08	
麸皮	0.69	3.59	13.94	
豆粕	0.29	1.51	5.86	注：1kg 牛用复合预混料由硫酸
棉粕	0.3	1.56	6.06	亚铁 30g、硫酸锌 20g、硫酸铜
菜籽粕	0.3	1.56	6.06	5g、硫酸锰 20g、氯化钴 1.15g、
构树青贮	11.75	61.13	—	碘化钾 0.5g、维生素 A（100 万
氨化秸秆	0.82	4.27	—	IU）5g、维生素 D_3（50 万 IU）
胡萝卜	1.58	8.22	—	2g、维生素 E（50%）7.5g、紫
食盐	0.03	0.16	—	月优生素 125g、沸石或麸皮
磷酸氢钙	0.03	0.16	—	803.85g、预混合而成。复合预混
小苏打	0.02	0.1	—	料 0.2%。即在 100kg 精料补充
氧化镁	0.01	0.05	—	中用 200g 复合预混料
复合预混料	0.02	0.1	—	
合计	19.22	100	100	

8. 500kg 体重生长育肥牛日增重 1.2kg 日粮营养配方（表 8 – 16）

表 8 – 16　500kg 体重生长育肥牛日增重 1.2kg 推荐日粮营养配方

饲料	饲喂量（kg）	占日粮（%）	占精饲料（%）	备　注
玉米	3.61	17.49	67.98	
麸皮	0.74	3.59	13.94	
豆粕	0.3	1.45	5.65	注：1kg 牛用复合预混料由硫酸
棉粕	0.34	1.65	6.4	亚铁 30g、硫酸锌 20g、硫酸铜
菜籽粕	0.32	1.55	6.03	5g、硫酸锰 20g、氯化钴 1.15g、
构树青贮	12.61	61.09	—	碘化钾 0.5g、维生素 A（100 万
氨化秸秆	0.87	4.22	—	IU）5g、维生素 D_3（50 万 IU）
胡萝卜	1.7	8.24	—	2g、维生素 E（50%）7.5g、紫
食盐	0.04	0.19	—	月优生素 125g、沸石或麸皮
磷酸氢钙	0.04	0.19	—	803.85g、预混合而成。复合预混
小苏打	0.03	0.15	—	料 0.2%。即在 100kg 精料补充
氧化镁	0.01	0.05	—	中用 200g 复合预混料
复合预混料	0.02	0.08	—	
合计	22.64	100	100	

（四）犊牛的管理要点

1. 去角

牛有好斗的习惯，应在出生后 7 ~ 10d 去角。用电熔法和固体苛性钠法两种。

2. 编号

为便于管理，应给牛群编号，常用塑料耳标法，选用耐老化软条塑料用油漆写上年份、场号、个体号后，在牛耳管下侧血管稀少处穿。

3. 分栏分群

一般采用随母分群分栏饲养；对淘汰的种犊牛，应按年龄分栏分群。

4. 防暑防寒

肉牛主要采用舍饲，在夏季应注意防暑，冬天应注意防寒。

5. 注意运动

犊牛出生一周后，就应开始在舍外进行适当运动，寒冷季节应适当延后，且应在天晴时运动，运动时间逐渐加长。

6. 牛舍卫生及防疫

对牛舍要勤打扫，并用 2% 苛性钠溶液进行，对牛舍进行喷洒消毒，用 0.2% 高锰酸钾液冲洗饲槽和水槽，以及饲喂工具并进行传染病疫苗的注射。

7. 刷身

每日对犊牛身体刷身 1 ~ 2 次，每次不少于 5min。

8. 建档

对犊牛建档，是规模化养殖的必需事项，包括系谱、生长发育情况、防疫及疫病治疗情况等。

（五）育成牛的日粮配方及管理要点

1. 精料补充料配方（7 ~ 18 月龄）

玉米 50%、麸皮 15.2%、豆粕 13%、棉粕 9%、菜籽粕 9%、赖氨酸 0.3%、蛋氨酸 0.3%、磷酸氢钙 2%、食盐 1%、复合预混料 0.2%。

在放牧条件下，7 ~ 12 月龄，每天补饲青绿多汁饲料 12 ~ 15kg（其中，胡萝卜 1kg），构树青贮 5 ~ 7kg、精料 0.8 ~ 1.0kg。

在放牧条件下，13 ~ 18 月龄，每天补饲青绿多汁饲料 15 ~ 20kg（其中，胡萝卜 1.5kg)，构树青贮 8 ~9kg、精料 0.5kg。

在放牧条件下，若因青绿多汁饲料缺乏，以秸秆为粗饲料原料，则应保证构树青贮饲喂量的前提下，补饲精料 1.0 ~ 1.3kg。

2. 精料补充料配方 (19 ~24 月龄)

玉米 50% 、麸皮 20.3% 、豆粕 10% 、棉粕 8% 、菜籽粕 8% 、赖氨酸 0.25% 、蛋氨酸 0.25% 、尿素 1.4% 、硫酸铵 0.6% 、食盐 1% 、复合预混料 0.2% 。每天饲喂构树青贮 10 ~ 15kg、胡萝卜 3kg、秸秆 3 ~ 5kg、精料 2 ~3kg。

3. 按性别分群放牧

断奶后至产犊前的母牛称为育成牛。为了确保育成牛的质量，断奶前后就应对育成牛进行选育并按性别进行分群放牧。因为 6 月龄的断奶和生殖系统已趋成熟，为防止胡乱配合及近亲交配，所以要按性别进行分群，选育时要将生长发育良好，性情温顺作为选择对象，为了育成牛的生长发育和健康健壮的体格，应对 6 ~ 18 个月的育成牛进行完全放牧饲养。对选育的育成牛，应采取优胜劣汰的方式进行优选，当 12 月龄时，应淘汰部分不合格育成牛，并进行阉割后作为育肥牛。第一次初配时间应选择在 18 月龄后。

(六) 育成公牛的日粮配方与管理

1. 育成公牛的精料配方

玉米 53% 、麸皮 18.3% 、豆粕 24% 、酵母蛋白 2.5% 、食盐 1% 、磷酸氢钙 1% 、复合预混料 0.2% (表 8 – 17)。

表 8 – 17   各阶段育成公牛需要采食量精粗料比例及饲喂量

体重 (kg)	采食量 (kg)	精粗比例	精料量 (kg)	青草量 (kg)	青干草量 (kg)	构树青贮 (kg)
250	7	55:45	3.85	8.3	—	3.11
250	7	60:40	4.2	—	1.94	3.11
300	8.8	55:45	4.84	10.43	—	3.92
300	8.8	60:40	5.28	—	2.44	3.92
350	10	55:45	5.5	10.43	—	4.45
350	10	60:40	6	—	2.78	4.45
400	11	55:45	6.05	13.04	—	4.9
400	11	60:40	6.6	—	3.05	4.9
450	10.3	55:45	5.67	12.21	—	4.58

（续表）

体重 （kg）	采食量 （kg）	精粗比例	精料量 （kg）	青草量 （kg）	青干草量 （kg）	构树青贮 （kg）
450	10.3	60 : 40	6.18	—	2.86	4.58
500	10.3	55 : 45	5.67	12.21	—	4.58
500	10.3	60 : 40	6.18	—	2.86	4.58
550	10.5	55 : 45	5.78	12.45	—	4.67
550	10.5	60 : 40	6.3	—	2.91	4.67
600	10.3	55 : 45	5.67	12.21	—	4.58
600	10.3	60 : 40	6.18	—	2.86	4.58
650	10	55 : 45	5.5	10.43	—	4.45
650	10	60 : 40	6	—	2.78	4.45
700	9.7	55 : 45	5.34	11.5	—	4.32
700	9.7	60 : 40	5.82	—	2.69	4.32
750	9.7	55 : 45	5.34	11.5	—	4.32
750	9.7	60 : 40	5.82	—	2.69	4.32

2. 分群

按性别分群饲养。

3. 穿鼻

穿鼻和戴耳环，便于饲养管理。

4. 刷身

每天给牛体刷身5min以上，每天1~2次。

5. 加强运动

育成公牛的运动关系到体质和健康以及精子质量和性欲，每天要运动1~2h。

6. 防疫

定期进行传染病疫苗的预防接种。

（七）妊娠牛的饲料配方与管理

1. 妊娠牛的精料配方

玉米60%、麸皮6%、豆粕6%、棉粕6%、菜籽粕5%、酵母粉15.3%、磷酸氢钙1%、食盐0.5%、复合预混料0.2%。

2. 各阶段粗精饲喂量

（1）妊娠前、中期（0~6个月）。构树青贮13.5kg、胡萝卜1.5kg、稻草1kg、玉米秸1kg、精料1kg。

（2）妊娠后期（7~9个月）。构树青贮13kg、胡萝卜2kg、稻草1kg、玉米秸1kg、精料2kg。

注：产前15天和产后15天，不宜饲喂中水分青贮构树，但用拉伸膜裹包制作的构树青贮饲料可减半饲喂。

3. 妊娠牛的管理

（1）定槽。固定饲槽、以免抢食。圈舍定期打扫和消毒。

（2）刷身。每天刷拭牛体1~2次，每次5min以上。

（3）活动。妊娠前期和中期任其自由走动，晒太阳；妊娠后期应由人牵着走动，晒晒太阳，以增强体质。

（4）饮水。注意饮用清洁的温水，夏天不加温，冬天应加温。

（5）做好记录、注意观察。对配种时间要做好记录，最后一个月要注意观察，准备接产；同时做好产犊记录。

（八）泌乳牛饲料配方及管理

1. 泌乳牛精料配方

玉米65%、麸皮8.8%、豆粕10%、棉粕6%、菜籽粕6%、食盐1%、石粉1.0%、磷酸氢钙2%、复合预混料0.2%。

2. 精粗饲料饲喂量

精料2kg、构树青贮15kg、稻草1kg、秸秆1kg、胡萝卜2kg。

3. 饲养管理

（1）产后前3d。只饲喂优质干草，饮用温水。

（2）产后4~7d。可饲喂适量精料和多汁青绿饲料。

（3）7d以后。每日饲喂3~4次，精料2~3kg、构树青贮12~15kg、稻草1kg、秸秆1kg、胡萝卜1~2kg。

（4）活动和阳光照射。产后待母牛体力恢复后，应作适当活动，进行放牧和阳光照射，以3km远近为度。

第三节　构树饲料在奶牛养殖中的应用

奶牛在犊牛、育成牛和妊娠阶段的日粮配方和饲养管理与肉牛相同阶段的差不多，而在泌乳阶段的日粮配方与饲养管理则具有特殊性。

一、泌乳期的推荐精料配方及各阶段精粗搭配比例

（一）泌乳期的推荐精料配方

玉米 52%、麸皮 6.9%、豆粕 18%、棉粕 7%、植物蛋白粉 10%、食盐 0.8%、石粉 1.8%、磷酸氢钙 1.8%、碳酸氢钠（小苏打）1%、氧化镁 0.5%、复合预混料 0.2%。

（二）泌乳初期（1~15d）精料和粗料搭配比例

1. 产后当天

不饲喂精粗饲料。奶牛在产犊时，体力消耗很大，失血失水较多，食欲很差。为尽快恢复体力，应在产犊后及时补充体液和补饲易消化的食物。其方法是：温水（37~38℃）10kg + 麸皮 1kg + 红糖 1kg + 食盐 30g + 氯化钾 3g，调成麸皮粥后补饲。

2. 产后第 2d

精料 1.8kg，优质牧草 3~4kg。

3. 产后 3~5d

精料在 1.8kg 的基础上，每天增加 0.3kg，并逐渐加大优质牧草，第三天开始，可以加喂构树青贮和胡萝卜各 1kg。

4. 产后 6~15d

奶牛在 15d 后体力完全恢复，精料饲喂量到每 100kg 体重时 1.0~1.5kg 为止。并逐渐加大构树青贮和胡萝卜的饲喂量。

（三）泌乳高峰期（16~100d）精粗料搭配比例

泌乳高峰奶牛的营养消耗量大、精料饲喂量每天应达到 9~10kg，优质干草 2kg，其他牧草 2kg，胡萝卜 3kg，构树青贮 18kg。还可在精料中加入油脂 3%。

（四）泌乳中期（101~200d）的精粗饲料搭配比例

产后 100d，奶牛进入泌乳中期，泌乳量每月按 6% 左右递减，为防止过

肥，应逐渐调低精料饲喂量，增加构树青贮和其他粗饲料饲喂量，每天精料量保持在 5 ~ 6kg 为宜。

（五）泌乳后期（产犊 200d 以后）精粗饲料搭配比例

随着产奶量的减少，营养消耗量也相对减少，为使奶牛保持下次受孕的良好体况，应将精量减少到每天 5kg 左右，并相应增大粗饲料的比例。

（六）干奶期（停止挤奶至产犊前 15d）精粗饲料搭配比例

每天饲喂精料 4.5 ~ 5kg，精粗比例（45 ~ 50）：（50 ~ 55）。干奶前期要减少多汁青绿饲料和青贮饲料的喂量，以便干奶。在精料中添加 0.5% 的氯化钾等作为阴离子盐达到平衡饲料中的阳离子。

二、构树青贮的饲喂量

1. 犊牛

犊牛在 20 ~ 30 日龄时用少量构树青贮撒在饲槽中，以后每天逐步增加 3 ~ 5g；2 月龄时每天饲喂 100 ~ 150g，并每天增加 20 ~ 30g；3 月龄时每天每头 1.5 ~ 2.0kg，以后每天增加 50 ~ 60g；4 月龄时每天每头 4.0 ~ 5.0kg，以后每天增加 50 ~ 60g；断奶进入育成牛阶段，不能无限度的增加饲喂量，以每天每头 10kg 为限。

2. 成年母牛

根据体重和产奶量进行投放构树青贮和干草。体重在 350kg，日产奶量在 15 ~ 20kg 的泌乳牛，可饲喂构树青贮 15 ~ 20kg、干草 8 ~ 10kg。日产奶量在 15kg 以下的，可饲喂构树青贮 15kg、干草 10 ~ 12kg；体重在 350 ~ 400kg、日产奶量在 20kg 的泌乳牛，可饲喂构树青贮 20kg、干草 5 ~ 8kg；体重在 500kg，日产奶量在 25kg 以上的泌乳牛，每天可饲喂构树青贮 25kg、干草 5kg。日产奶量超过 30kg 的，可饲喂构树青贮 30kg、干草 8kg。干奶期的母牛，每天应减少构树青贮的饲喂量，以 10 ~ 15kg 为宜，并辅喂适量干草。奶牛临产前 15d 和产后 15d 内，应停止饲喂构树青贮饲料。但用拉伸膜裹包的青贮，可少量饲喂，每天以 5kg 左右为宜。其他类型的成年牛 100kg 体重，日喂构树青贮量按如下比例计算：肥育牛 4 ~ 5kg/d/100kg 体重，妊娠母牛 4 ~ 4.5kg/d/100kg 体重，种公牛 1.5 ~ 2kg/d/100kg 体重。在饲喂构树青贮时，可按 1kg 构树青贮饲料中拌入碳酸氢钠（小苏打）15 ~ 20g，但如已在精料补充料中加入了碳酸氢钠和氧化镁的，则不重复添加。

三、奶牛的疾病防治

（一）牛的传染病的预防

1. 严把引种关

结核病和布鲁氏病是牛两大主要的传染病，危害极大，因此要严把引种关。

2. 检疫

在异地引进牛只，要依靠当地畜牧兽医部门按规定对结核病、布鲁氏病、传染性鼻气管炎、白血病等进行检疫。从国外进口除按进口检疫程序进行检疫外，还应接受当地畜牧兽医部门对白血病，传染性鼻气管炎、黏膜病、副结核病、蓝色病等的复查，并进行隔离观察饲养 2 周后，经复查确定为健康牛后方可进入养牛场。

3. 阳性淘汰

通过当地畜牧兽医部门，对牛群进行检疫，如发现为阳性，应立即淘汰。

4. 对疯牛病的预防

病牛病的主要传染源是动物性饲料，所以必须按规定不用任何动物性饲料原料，切断传染途径。

5. 严格消毒制度

定期消毒杀菌。

（二）瘤胃酸中毒的防治

1. 预防

瘤胃的 pH 值需要 6.6~7.0 范围的中性值，为了调节季节性的青饲料不足，我们大力提倡构树等青贮饲料的制作与利用。高水分青贮营养损失大，制作易失败，不予提倡。一般采用中水分青贮和低水分青贮，中水分青贮的青贮饲料的 pH 值在 3.2~4.2，低水分青贮的 pH 值在 5.5 左右。因此为防止进食大量青贮饲料引起酸中毒，一是可以用青贮饲料＋碱·氨复合处理秸秆＋精料补充料的饲料组合饲养方法；也可以用青贮饲料＋干草（或经切、揉、碎物理处理的秸秆）＋加碱精料的饲料组合的饲喂方法（即在精料补充中添加 1% 碳酸氢钠和 0.5% 氧化镁）。

2. 治疗

如因不饲养当发生了酸中毒，其症状为流涎、口鼻有酸臭味、瘤胃胀满、牛的精神沉郁、拒绝吃食，黏膜潮红或发绀，粪便酸臭稀软或水样，脉搏加快到 100 次/min 以上，呼吸加快，体温偏低，卧地不起，脚弓反张，眼球震颤，严重的昏迷甚至死亡。如发现酸中毒症状，应立即用 1% 的碳酸氢钠溶液反复洗胃，直至瘤胃内容物 pH 值 >7.0，同时请兽医人员对病牛进行静滴 5% 碳酸氢钠液 1 000 ~ 2 000ml；并继续用 5% + 0.9% 糖盐水 4 000 ~ 10 000ml 补液；并注射 20% 的安钠咖 10 ~ 20ml，还可用新斯的明 4 ~ 20mg 皮下注射。

（三）氨中毒的预防

1. 恰当的加用氨源量

氨化秸秆时用尿素量 3%，加硫酸铵 1.5%。直接用于精料补充料中则用尿素 1%，加硫酸铵 0.5% 的量较为恰当。

2. 氨化秸秆取料后释放余氨

取用氨化或碱氨复合化秸秆，应遵循用多少取多少，放氨 4h 后饲喂。也可将氨化或碱氨复合处理秸秆打开晒干饲喂。

3. 饲用含氨精、粗饲料后，在 1h 之内不能饮水

（四）防止食入铁器

在饲料调制时，应防止铁钉、铁器混入饲料中。最好的办法是在粉碎机口放置磁铁，如能做到在饲喂前用磁铁检查一遍更好。

（五）其他疾病

如胎衣不下，乳房炎、子宫内膜炎、腐蹄病等应及时请当地兽医进行治疗。

第四节　构树饲料在羊养殖中的应用

羊属反刍动物，具有 4 个胃室和反刍的特殊功能，与牛具有相同的消化生理特点。

一、羊的精料推荐配方

玉米 60.0%、豆粕 8.0%、棉粕 8.0%、菜籽粕 8.0%、麸皮 13.3%、

石粉1.0%、磷酸氢钙0.5%、食盐1.0%、复合预混料0.2%。

注：1kg羊用复合预混料由硫酸亚铁30g、硫酸锌20g、硫酸锰20g、硫酸铜1.5g、氯化钴0.15g、碘化钾0.5g、维生素A（100万IU）5g、维生素D$_3$（500万IU）2g、维生素E（50%）7.5g、紫月优生素100g、沸石或麸皮813.35g、预混而成。复合预混料0.2%，即在100kg精料补充料中用200g羊用复合预混料。

二、各类不同体重羊的各种饲料的推荐饲喂量

肥育山羊不同体重各种饲料的补饲推荐量。

1. 肥育山羊不同体重各种饲料的补饲推荐量（表8-18）

表8-18　肥育山羊不同体重各种饲料的补饲推荐量

体重（kg）	日增重（kg/d）	混合精料（kg/d）	构树青贮（kg/d）	碱氨复合秸秆（kg/d）	备注
15	0.2	0.28	0.48	0.48	
20	0.2	0.3	0.5	0.5	自由采食充足的鲜牧草时可减少20%~30%的精饲料
25	0.2	0.22	0.54	0.54	
30	0.2	0.34	0.57	0.57	

2. 肥育绵羊不同体重各种饲料的补饲推荐量（表8-19）

表8-19　肥育绵羊不同体重各种饲料的补饲推荐量

体重（kg）	日增重（kg/d）	混合精料（kg/d）	构树青贮（kg/d）	碱氨复合秸秆（kg/d）	备注
20	0.45	0.4	0.67	0.67	
25	0.45	0.44	0.73	0.73	
30	0.45	0.48	0.8	0.8	
35	0.45	0.52	0.87	0.87	自由采食充足的鲜牧草时可减少20%~30%的精饲料
40	0.45	0.56	0.93	0.93	
45	0.45	0.6	1	1	
50	0.45	0.64	1.07	1.07	

3. 后备公山羊不同体重各种饲料的补饲推荐量（表 8 - 20）

表 8 - 20 后备公山羊不同体重各种饲料的补饲推荐量

体重（kg）	日增重（kg/d）	混合精料（kg/d）	构树青贮（kg/d）	碱氨复合秸秆（kg/d）	备注
12	0.1	0.23	0.39	0.39	
15	0.1	0.24	0.41	0.41	自由采食充足的鲜牧草时可减少 20% ~ 30% 的精饲料
18	0.1	0.26	0.43	0.43	
21	0.1	0.27	0.45	0.45	
24	0.1	0.28	0.47	0.47	

4. 育成公绵羊不同体重各种饲料的补饲推荐量（表 8 - 21）

表 8 - 21 育成公绵羊不同体重各种饲料的补饲推荐量

体重（kg）	日增重（kg/d）	混合精料（kg/d）	构树青贮（kg/d）	碱氨复合秸秆（kg/d）	备注
20	0.15	0.4	0.67	0.67	
25	0.15	0.44	0.73	0.73	自由采食充足的鲜牧草时可减少 20% ~ 30% 的精饲料
30	0.15	0.48	0.8	0.8	
35	0.15	0.52	0.87	0.87	
40	0.15	0.56	0.93	0.93	
55	0.15	0.6	1	1	
50	0.15	0.64	1.07	1.07	
55	0.15	0.68	1.13	1.13	自由采食充足的鲜牧草时可减少 20% ~ 30% 的精饲料
60	0.15	0.72	1.2	1.2	
65	0.15	0.76	1.27	1.27	
70	0.15	0.8	1.34	1.34	

5. 妊娠母山羊不同体重各种饲料的补饲推荐量（表8-22）

表 8-22　妊娠母山羊不同体重各种饲料的补饲推荐量

妊娠阶段	体重（kg）	日增重（kg/d）	混合精料（kg/d）	构树青贮（kg/d）	胡萝卜（kg/d）	碱氨复合秸秆（kg/d）	备注
前期	20	0.5	0.31	0.52	0.5	0.52	
	25	0.6	0.36	0.6	0.6	0.6	自由采食充足的鲜牧草时可减少20%~30%的精饲料
	30	0.7	0.44	0.73	0.7	0.73	
后期	20	0.8	0.6	1.08	0.8	1	
	25	0.9	0.7	1.09	0.9	1.2	
	30	1	0.8	1	1	1.4	

6. 妊娠母绵羊不同体重各种饲料的补饲推荐量（表8-23）

表 8-23　妊娠母绵羊不同体重各种饲料的补饲推荐量

妊娠阶段	体重（kg）	日增重（kg/d）	混合精料（kg/d）	构树青贮（kg/d）	胡萝卜（kg/d）	碱氨复合秸秆（kg/d）	备注
前期	40	1.6	0.8	1.4	0.7	1.4	
	50	1.8	0.9	1.5	0.8	1.5	
	60	2	1	1.7	0.9	1.7	
	70	2.2	1.1	1.9	1	1.9	
后期	40	1.8	0.9	1.5	0.9	1.5	自由采食充足的鲜牧草时可减少20%~30%的精饲料
	45	1.9	1	1.7	1	1.7	
	50	2	1.1	1.9	1.1	1.9	
	55	2.1	1.2	2	1.2	2	
	60	2.2	1.3	2	1.3	2.2	
	65	2.3	1.4	2.4	1.4	2.4	
	70	2.4	1.5	2.5	1.5	2.5	

7. 泌乳期母山羊不同体重各种饲料的补饲推荐量（表 8 – 24）

表 8 – 24　泌乳期母山羊不同体重各种饲料的补饲推荐量

泌乳阶段	体重（kg）	泌乳量（kg/d）	混合精料（kg/d）	构树青贮（kg/d）	胡萝卜（kg/d）	碱氨复合秸秆（kg/d）	备注
前期	20		0.6	1	0.6	1	自由采食充足的鲜牧草时可减少20%～30%的精饲料
	25		0.7	1.2	0.8	1.2	
	30		0.8	1.4	1	1.4	
后期	20	1	0.3	0.5	0.6	0.5	
	25	1	0.4	0.7	0.8	0.7	
	30	1	0.5	0.9	1	0.9	

8. 泌乳期母绵羊不同体重各种饲料的补饲推荐量（表 8 – 25）

表 8 – 25　泌乳期母绵羊不同体重各种饲料的补饲推荐量

泌乳阶段	体重（kg）	泌乳量（kg/d）	混合精料（kg/d）	构树青贮（kg/d）	胡萝卜（kg/d）	碱氨复合秸秆（kg/d）	备注
前期	40		1	1.4	1.2	1.4	自由采食充足的鲜牧草时可减少20%～30%的精饲料
	50		1.1	1.6	1.3	1.6	
	60		1.2	1.8	1.4	1.8	
	70		1.3	2	1.5	2	
后期	40	1.8	0.8	1.4	1.4	1.4	
	50	1.8	0.88	1.5	1.3	1.5	
	60	1.8	0.96	1.6	1.4	1.6	
	70	1.8	1.04	1.8	1.5	1.8	

9. 配种公羊的各种饲料的补饲推荐量（表 8 – 26）

表 8 – 26　配种公羊的各种饲料的补饲推荐量

种公羊	鸡蛋（个/d）	豆奶粉（kg/d）	混合精料（kg/d）	构树青贮（kg/d）	胡萝卜（kg/d）	青干草（kg/d）	备注
配种期山羊	2	0.1	0.7	1.5	1.5	1.0	自由采食
配种期绵羊	3	0.2	1.0	2.0	2.0	1.5	鲜牧草

第五节　构树饲料在兔养殖中的应用

一、兔的消化生理特点

兔属草食家畜，采食食物以草为主，能有效消化利用粗纤维含量高的青绿饲料和粗饲料。兔有效利用粗纤维主要依靠盲肠中的微生物和球囊组织的协同作用。兔对豆科类牧草中的粗蛋白质消化率高达 73%，对禾本科牧草中的粗蛋白质消化率达 65%。利用构树耐贫瘠、耐干旱、耐盐碱、抗污染能力强、产量高和管理粗放而劳动成本低的特点和优势，进行规模种植，发展养兔业和其他养殖业，必将把我国的养殖业水平提高到一个新的台阶。

构树鲜嫩枝叶，不但可以直接喂兔，也可以干燥后加工成构树草粉，根据兔的营养需要，按一定比例配制日粮，使饲粮松软、口感好、能促进兔的食欲，饲喂效果好。在日粮的比例可达到 20% 左右。在兔的日粮中保持一定的构树比例，兔胃的容积增大，肠道变长增粗，黏膜充分发育，消化道重量增加。对兔的胃液、肠液和胆汁的分泌，上皮细胞的分泌与吸收，都具有促进作用，且可增强胃肠的蠕动，加速食糜下行。

研究表明，构树饲料在降低毒素对机体的毒害方面有很重要的作用。粗纤维及其分解中间产物能与毒素形成纤维—毒素复合体，起到解毒或减毒的作用，粗纤维能吸附毒素，降低毒素对肠黏膜的破坏；粗纤维在肠道内阻止了毒素和肠黏膜的直接接触，对肠黏膜起到了保护作用；此外，粗纤维还能刺激肠道蠕动，加速肠道内容物的排泄，减少了毒素在肠道内的停留时间。所以用含构树饲料饲养的家畜，大肠很少出现糜烂溃疡现象。兔采食构树等青粗饲料后，其中的粗纤维在消化道内后移进入盲肠，被盲肠内的微生物所分泌的纤维素酶分解成乙酸、丙酸和丁酸，而被盲肠黏膜吸收进入血液，参与体内代谢，而提供了其维持生长所需能量 10% ~20%。对于产仔兔，加食适当比例构树的日粮，才能维持其正常体况，从而提高繁殖性能。

二、兔的饲养标准

饲养标准是以兔的营养需要（兔在生长发育、繁殖、生产等生理活动中每天对能量、蛋白质、维生素和矿物质的需要量）为基础的，经过试验和反复验证后对某一类兔在特定环境和生理状态下的营养需要得出的一个在生产中应用的估计值。在饲养标准中，详细规定了兔在不同生长时期和生产阶段，每千克饲粮中应含有的能量、粗蛋白质、各种必需氨基酸、矿物质及维生素含量或每天需要的各种营养物质的数量。有了饲养标准，就可以按照饲养标准来设计日粮配方，进行日粮配制，避免实际饲养中的盲目性。但是，兔的营养需要受到兔的品种、生产性能、饲料条件、环境条件等诸多种因素影响，选择标准应该因兔制宜，因地制宜。

1. 不同生长期兔的所需营养成分和营养供给量（表8-27）

表8-27 不同生长期兔的营养供给量

指标	生长兔		妊娠兔	哺乳兔	成年产毛兔	生长肥育兔
	3~12周	12周以后				
消化能（MJ/kg）	12.2	11.3~10.45	10.45	10.87~11.3	10.45	12.12
粗蛋白质（%）	18	16	15	18	14~16	16~18
粗脂肪（%）	2~3	2~3	2~3	2~3	2~3	3~5
钙（%）	0.9~1.1	0.5~0.7	0.5~0.7	0.8~1.1	0.5~0.7	1.0
总磷（%）	0.5~0.7	0.3~0.5	0.3~0.5	0.5~0.8	0.3~0.5	0.5
赖氨酸（%）	0.9~1.0	0.7~0.9	0.7~0.9	0.8~1.0	0.5~0.7	1.0
蛋氨酸+胱氨酸（%）	0.7	0.6~0.7	0.6~0.7	0.6~0.7	0.6~0.7	0.4~0.6
精氨酸（%）	0.8~0.9	0.6~0.8	0.6~0.8	0.6~0.8	0.6	0.6
食盐（%）	0.5	0.5	0.5	0.5~0.7	0.5	0.5
铜（mg/kg）	15	15	10	10	10	20
铁（mg/kg）	100	50	50	100	50	100
锰（mg/kg）	15	10	10	10	10	15
锌（mg/kg）	70	40	40	40	40	40
镁（mg/kg）	300~400	300~400	300~400	300~400	300~400	300~400
碘（mg/kg）	0.2	0.2	0.2	0.2	0.2	0.2
维生素A（IU/kg）	0.6~1.0	0.6~1.0	0.6~1.0	0.6~1.0	0.6~1.0	0.6~1.0
维生素D（IU/kg）	0.10	0.1	0.1	0.1	0.1	0.1

2. 不同生长期安哥拉毛兔所需营养成分和营养供给量（表8-28）

表8-28 安哥拉毛兔营养需要量

指标	幼兔	青年兔	妊娠母兔	哺乳母兔	产毛兔	种公兔
消化能（MJ/kg）	10.46	10.04~10.64	10.04~10.64	10.88	10.04~11.72	12.12
粗蛋白质（%）	16~17	15~16	16	18	15~16	17
可消化蛋白质（%）	12~13	10~11	11.5	13.5	11	13
粗纤维（%）	14	16	14~15	12~13	12~17	16~17
粗脂肪（%）	2.0	3.0	3.0	3.0	3.0	3.0
钙（%）	1.0	1.0	1.0	1.2	1.0	1.0
总磷（%）	0.5	0.5	0.5	0.8	0.5	0.5
赖氨酸（%）	0.8	0.8	0.8	0.9	0.7	0.8

（续表）

指标	幼兔	青年兔	妊娠母兔	哺乳母兔	产毛兔	种公兔
蛋氨酸＋胱氨酸（%）	0.7	0.7	0.8	0.8	0.7	0.7
精氨酸（%）	0.8	0.8	0.8	0.9	0.7	0.9
食盐（%）	0.3	0.3	0.3	0.3	0.3	0.3
铜（mg/kg）	15～20	10	10	10	20	10
锰（mg/kg）	30	30	50	50	30	30
锌（mg/kg）	50	50	70	70	70	70
钴（mg/kg）	0.1	0.1	0.1	0.1	0.1	0.1
维生素 A（IU/kg）	8 000	8 000	8 000	8 000	6 000	12 000
胡萝卜素（g/kg）	0.83	0.83	0.83	1.0	0.62	1.2
维生素 D（IU/kg）	900	900	900	1 000	900	900
维生素 E（IU/kg）	50	50	60	60	50	60

3. 不同生长期肉兔所需营养成分和营养供给量（表8－29）

表8－29　肉兔的营养需要

指标	生长兔	妊娠母兔	哺乳母兔及仔兔	种公兔
消化能（MJ/kg）	10.45	10.45	11.28	10.30
粗蛋白质（%）	15～16	15	18	18
蛋氨酸＋胱氨酸（%）	0.05	—	0.60	—
赖氨酸（%）	0.66	—	0.75	—
精氨酸（%）	0.90	—	0.80	—
苏氨酸（%）	0.55	—	0.70	—
色氨酸（%）	0.18	—	0.22	—
组氨酸（%）	0.35	—	0.43	—
缬氨酸（%）	1.20	—	1.40	—
苯丙氨酸＋酪氨酸（%）	0.70	—	0.85	—
亮氨酸（%）	1.05	—	1.25	—
钙（%）	0.50	0.80	1.10	—
磷（%）	0.30	0.50	0.80	—
食盐（%）	0.40	0.40	0.40	—

三、兔的推荐日粮配方

1. 仔兔诱食料配方

玉米 37.9% 、麸皮 20% 、构树粉 20% 、豆粕 18% 、鱼粉 1% 、蛋氨酸 0.1% 、赖氨酸 0.2% 、石粉 0.7% 、磷酸氢钙 0.7% 、碘化食盐 0.4% 、复合预混料 1% 。

注：1kg 仔兔复合预混料由硫酸亚铁 50.8g、硫酸锌 31.5g、硫酸镁 4.7g、硫酸铜 6g、氯化钴 0.05g、氯化镁 103.5g、氯苯胍 1.5g、复合多维 20g、紫月优生素 20g、沸石（或麸皮）761.95g 预混而成。100kg 精粮中用复合预混料 1% ，即为在 100kg 精料中，用复合预混料 1kg。

2. 生长肉兔日粮配方

玉米 26.5% 、麸皮 20% 、构树粉 35% 、豆粕 10% 、棉粕 6% 、石粉 0.6% 、磷酸氢钙 0.6% 、碘化食盐 0.3% 、复合预混料 1% 。

注：1kg 生长肉兔复合预混料由硫酸亚铁 50.8g、硫酸锌 18g、硫酸锰 4.7g、硫酸铜 8g、氧化镁 103.5g、氯苯胍 1.5g、复合多维 20g、紫月优生素 20g、沸石（或麦麸）773.5g 预混合而成。100kg 精料中用复合预混料 1% 、即为在 100kg 精料中用生长肉兔复合预混料 1kg。

3. 生长肉兔日粮配方

玉米 25.3% 、麸皮 20% 、构树粉 35% 、豆粕 6% 、棉粕 6% 、菜籽粕 5% 、蛋氨酸 0.1% 、赖氨酸 0.1% 、石粉 0.6% 、磷酸氢钙 0.6% 、碘化食盐 0.3% 、复合预混料 1% 。

注：1kg 生长肉兔复合预混料由硫酸亚铁 50.8g、硫酸锌 18g、硫酸锰 4.7g、硫酸铜 8g、氧化镁 103.5g、氯苯胍 1.5g、复合多维 20g、紫月优生素 20g、沸石（或麦麸）773.5g 预混合而成。100kg 精料中用复合预混料 1% 、即为在 100kg 精料中用生长肉兔复合预混料 1kg。

4. 生长獭兔日料配方

玉米 25.3% 、麸皮 20% 、构树粉 35% 、豆粕 11% 、棉粕 3% 、菜籽粕 3% 、蛋氨酸 0.1% 、赖氨酸 0.1% 、石粉 0.6% 、磷酸氢钙 0.6% 、碘化食盐 0.3% 、复合预混料 1% 。

注：1kg 生长肉兔复合预混料由硫酸亚铁 50.8g、硫酸锌 18g、硫酸锰 4.7g、硫酸铜 8g、氧化镁 103.5g、氯苯胍 1.5g、复合多维 20g、紫月优生素 20g、沸石（或麦麸）773.5g 预混合而成。100kg 精料中用复合预混料 1% 、

即为在 100kg 精料中用生长肉兔复合预混料 1kg。

5. 空怀母兔日粮配方

玉米 22.8%、麸皮 20%、构树粉 38.6%、豆粕 10%、棉粕 5%、石粉 0.6%、磷酸氢钙 2%、复合预混料 1%。

注：1kg 生长肉兔复合预混料由硫酸亚铁 50.8g、硫酸锌 18g、硫酸锰 4.7g、硫酸铜 8g、氧化镁 103.5g、氯苯胍 1.5g、复合多维 20g、紫月优生素 20g、沸石（或麦麸）773.5g 预混合而成。100kg 精料中用复合预混料 1%、即为在 100kg 精料中用生长肉兔复合预混料 1kg。

6. 妊娠母兔日粮配方

玉米 28.9%、麸皮 20.3%、构树粉 35%、豆粕 10%、鱼粉 1%、石粉 1.8%、磷酸氢钙 2%、复合预混料 1%。

注：妊娠母兔不能使用氯苯胍。1kg 妊娠母兔的复合预混料由硫酸亚铁 25.4g、硫酸锌 18g、硫酸锰 3.1g、氯化钴 0.05g、硫酸镁 103.5g、复合多维 20g、紫月优生素 20g、沸石（或麸皮）809.95g 预混合而成。在 100kg 精料中用预混料 1%。即为在 100kg 精料中用 1kg 复合预混料。

7. 哺乳母兔日粮配方

玉米 38.3%、麸皮 5%、构树粉 30%、豆粕 18%、鱼粉 3.5%、石粉 2%、磷酸氢钙 2%、碘化食盐 0.2%、复合预混料 1%。

注：1kg 生长肉兔复合预混料由硫酸亚铁 50.8g、硫酸锌 18g、硫酸锰 4.7g、硫酸铜 8g、氧化镁 103.5g、氯苯胍 1.5g、复合多维 20g、紫月优生素 20g、沸石（或麦麸）773.5g 预混合而成。100kg 精料中用复合预混料 1%、即为在 100kg 精料中用生长肉兔复合预混料 1kg。

8. 公兔日粮配方

玉米 25.0%、麸皮 15%、构树粉 40%、豆粕 15%、鱼粉 3%、石粉 0.8%、碘化食盐 0.2%、复合预混料 1%。

注：1kg 仔兔复合预混料由硫酸亚铁 50.8g、硫酸锌 31.5g、硫酸镁 4.7g、硫酸铜 6g、氯化钴 0.05g、氯化镁 103.5g、氯苯胍 1.5g、复合多维 20g、紫月优生素 20g、沸石（或麸皮）761.95g 预混而成。100kg 精粮中用复合预混料 1%，即为在 100kg 精料中用兔复合预混料 1kg。

四、兔在各阶段精粗饲料的饲喂量

1. 仔兔阶段

除种公兔外，兔分为 3 个阶段，从出生到断奶（40～45 日龄）称为仔兔。仔兔阶段分为睡眠期和开眼期，从出生到 12 日龄左右为睡眠期，睡眠期加上开眼后的前 3d（具体说是 0～15d）完全依靠母乳维持生命和生长需要；肉兔、獭兔 16 日龄开始补饲精料，毛兔从 18 日龄开始补饲精料，并逐渐适量饲喂青绿饲料。建议补饲量如下：肉兔、獭兔 16 日龄开始 3g/d，逐日递增 2.5～3g。毛兔从 18 日龄开始 3g/d，逐日递增 2.5～3g 并饲喂适量青绿饲料，从 15g 左右开始逐日递增 15～18g。

2. 幼兔阶段（生长兔）

从断奶到 3 月龄的兔称为幼兔，又称为生长肥育兔，此阶段仍按精料每日递增到 2 月龄时饲喂量达到 150～160g/d，青绿饲料自由采食，每天自由采食的青绿饲料应达到 500～750g/d。种用兔的精料不能无限制的增加，一般在 160g/d 左右，但需加大青绿饲料自由采食量，每天青绿饲料的采食量应 750g/d。肉兔一般在断奶后 40～60d 出栏，可加大采食精料量到 180～200g/d，青饲料 1 000g 左右。

3. 妊娠阶段

妊娠阶段除每天饲喂 160～180g/d 精料外，应加大青绿饲料的饲喂量，采取自由采食。

4. 泌乳阶段

在泌乳高峰期应确保青饲料的饲喂量，后期加大青绿饲料饲喂量，断奶前 3d，减少或不喂精饲料，以青粗饲料为主，便于干奶。

5. 种公兔

（1）非配种期。精饲料饲喂量在 180g/d 左右，应让其自由采食量青饲料，不能过肥。

（2）配种阶段。适当增加精饲料饲喂量，青饲料任其自由采食。

五、兔的疾病防治

1. 预防接种

对兔瘟、兔出血性败血症、兔支气管败血杆菌病、大肠杆菌病、兔魏氏检菌病等传染性疾病，注射相应的疫苗。

2. 严格卫生管理，定期消毒制度

药物预防和治疗，如球虫病应在精饲料中拌入氯苯胍 0.015% 进行预防（复合预混料中已加入则不能重复加量）。对寄生虫病要采用广谱驱虫药拌入饲料中 1 次性服用；对其他不能用疫苗预防的传染病，发现疾病要及时治疗。

第六节　构树饲料在鹅养殖中的应用

一、鹅的消化生理特点

鹅属草食家禽，完全可以依赖青饲料生存。鹅的胃分为腺胃（前胃）和肌胃（砂囊）两部分组成。腺胃可以分泌盐酸和胃蛋白酶，能对食糜起初步的消化作用；但因腺胃体积小，食糜停留的时间短，胃液的消化作用主要在肌胃。肌胃很大，肌肉紧密厚实；同时肌胃内存有许多沙砾，在肌胃的强力收缩下，可以将粗硬的饲料磨碎，并与来自腺胃的胃液充分混合，在盐酸和胃蛋白酶的协同作用下，把蛋白质初步分解为蛋白胨及少量的多肽和氨基酸等。鹅的肌胃还能吸收少量的水和无机盐。由此可见，鹅主要是依靠肌胃强力的机械消化，小肠对粗纤维成分的化学性消化和盲肠对粗纤维的微生物消化等三者协同作用来完成利用青粗饲料的。但青粗饲料的养分含量比精饲料的养分含量低，为了满足自身的需要，鹅依赖频繁采食增大采食量来获取养分。因此，要提高养殖效益，应区别于其他家禽，采取增加加饲喂次数和加大饲喂量的饲养方法。

二、鹅饲料加工处理方法

1. 以鲜喂为主

鹅与其他草食动物不同，可以完全利用青粗饲料来满足其生长的营养需要，我们在饲养鹅时，应充分利用鹅这一特点。

（1）适时刈割。构树枝叶在 1.5m 以下刈割时，嫩枝和叶片的营养成分与含量高。由于构树刈割后的侧枝生发的多，并不影响生物量，故应在 1.5m 以下株高度时刈割。紫苏的营养价值全面而丰富，可以与构树间作，在刈割时一并进行。其他的青粗饲料同样如此。

（2）清洗干净。对刈割后的青饲料，要清洗干净。

（3）现采现喂。根据饲养规模，时采时喂，避免变质。

（4）饲料多样化。以构树枝叶为主，但应用两种或以上的青饲料搭配饲喂。

2. 构树青贮

除规模化养鸡外，其他家畜家禽都可以采取青贮的办法，其优点是：改善适口性，提高营养价值，提高消化利用率，便于长期贮存，减少污染。

三、鹅的饲养标准

饲养鹅的营养需要量。

1. 不同生长期鹅所需营养成分和营养供给量（表 8 - 30）

表 8 - 30　鹅的营养需要量

营养成分	0～4 周	4～6 周以上	种鹅
代谢能（MJ/kg）	12. 13	12. 55	12. 15
粗蛋白（%）	20	15	15
钙（%）	0. 65	0. 60	2. 25
有效磷（%）	0. 30	0. 30	0. 30
赖氨酸（%）	1. 00	0. 85	0. 60
蛋氨酸 + 胱氨酸（%）	0. 60	0. 50	0. 50
维生素 A（IU/kg）	1 500	1 500	4 000
维生素 D（IU/kg）	200	200	200
胆碱（mg/kg）	1 500	1 000	500
烟酸（mg/kg）	65. 0	35. 0	20. 0
泛酸（mg/kg）	15	10. 0	10. 0
核黄素（mg/kg）	3. 8	2. 5	4. 0

2. 不同生长期鹅的饲养推荐标准（表 8 - 31）

表 8 - 31　鹅的饲养推荐标准

营养成分	0～4 周	4～6 周	6～10 周	后备鹅	种鹅
代谢能（MJ/kg）	11. 72	11. 7	11. 72	10. 85	10. 45
粗蛋白（%）	20	17	16	15	16～17
钙（%）	1. 2	0. 8	0. 76	1. 65	2. 6

（续表）

营养成分	0～4周	4～6周	6～10周	后备鹅	种鹅
有效磷（%）	0.60	0.45	0.40	0.45	0.60
赖氨酸（%）	1.0	0.7	0.6	0.60	0.8
蛋氨酸（%）	0.75	0.60	0.55	0.55	0.6
食盐（%）	0.25	0.25	0.25	0.25	0.25

注：资料来源于王恬编著《鹅饲料配制及饲料配方》

3. 不同生长期肉鹅所需营养成分和饲养标准（表8－32）

表8－32　肉鹅的饲养标准

营养成分	0～3周龄	4～8周龄	8周龄～上市	维持饲养期	产蛋期
粗蛋白（%）	20.00	16.50	14.0	13.0	17.50
代谢能（MJ/kg）	11.53	11.08	11.91	10.38	11.53
钙（%）	1.0	0.9	0.9	1.2	3.20
有效磷（%）	0.45	0.40	0.40	0.45	0.5
粗纤维（%）	4.0	5.0	6.0	7.0	5.0
粗脂肪（%）	5.00	5.00	5.00	4.00	5.00
矿物质（%）	6.50	6.00	6.0	7.00	11.00
赖氨酸（%）	1.00	0.85	0.70	0.50	0.60
精氨酸（%）	1.15	0.98	0.84	0.57	0.66
蛋氨酸（%）	0.43	0.40	0.31	0.24	0.28
蛋氨酸＋胱氨酸（%）	0.70	0.80	0.60	0.45	0.50
色氨酸（%）	0.21	0.17	0.15	0.12	0.13
组氨酸（%）	0.42	0.35	0.31	0.13	0.15
亮氨酸（%）	1.49	1.16	1.09	0.69	0.80
异亮氨酸%	0.80	0.62	0.58	0.48	0.55
苯丙氨酸（%）	0.75	0.60	0.55	0.36	0.41
苏氨酸（%）	0.73	0.65	0.53	0.48	0.55
缬氨酸（%）	0.89	0.70	0.65	0.53	0.62
甘氨酸（%）	0.10	0.90	0.77	0.70	0.77
维生素A（IU/kg）	15 000	15 000	15 000	15 000	15 000
维生素D$_3$（IU/kg）	3 000	3 000	3 000	3 000	3 000
胆碱（mg/kg）	1 400	1 400	1 400	1 200	1 400
核黄素（mg/kg）	5.0	4.0	4.0	4.0	5.5
泛酸（mg/kg）	11.0	10.0	10.0	10.0	12.0

（续表）

营养成分	0~3周龄	4~8周龄	8周龄~上市	维持饲养期	产蛋期
维生素 B_{12}（mg/kg）	12.0	10.0	10.0	10.0	12.0
叶酸（mg/kg）	0.5	0.4	0.4	0.4	0.5
生物素（mg/kg）	0.2	0.1	0.1	0.15	0.2
烟酸（mg/kg）	70.0	60.0	60.0	50.0	75.0
维生素 K（mg/kg）	1.5	1.5	1.5	1.5	1.5
维生素 E（IU/mg）	20	20	20	20	40
维生素 B_1（mg/kg）	2.2	2.2	2.2	2.2	2.2

四、鹅的推荐日粮配方

1. 雏鹅（出壳1个月内的小鹅）的精饲料配方

（1）玉米59.6%、构树粉4.6%、豆粕20%、棉粕6%、菜籽粕6%、石粉0.3%、磷酸氢钙2.4%、碘化食盐0.4%、硫酸钠0.5%、复合预混料0.2%。

（2）玉米59%、麦麸10.5%、构树粉5%、豆粕14%、鱼粉5.0%、骨粉2.0%、贝壳粉2.5%、食盐0.3%、硫酸钠（芒硝）0.5%、沙粒1.0%、复合预混料0.2%。

注：雏鹅开食的前3d，最好饲喂精饲料，也可将青饲料切碎混合；第4天起精饲料1份、青饲料2份，以后逐渐加大青饲料比例，10天后可用1份精饲料、4份青饲料。

2. 生长鹅（30~70日龄）精饲料配方

（1）玉米68%、构树粉13.9%、豆粕10%、菜籽粕3%、石粉1%、磷酸氢钙3%、碘化食盐0.4%、硫酸钠0.5%、复合预混料0.2%。

（2）玉米69.0%、构树粉10.5%、豆粕10.0%、鱼粉5.0%、骨粉1.0%、贝壳粉2.5%、食盐0.3%、硫酸钠（芒硝）0.5%、沙粒1.0%、复合预混料0.2%。

3. 肥育鹅精饲料配方

（1）玉米57.0%、构树粉8.3%、豆粕10%、棉粕10%、菜籽粕10%、石粉0.6%、磷酸氢钙3%、碘化食盐0.4%、硫酸钠0.5%、复合预混料0.2%。

（2）玉米69.0%、构树粉10.5%、豆粕10.0%、鱼粉5.0%、骨粉1.0%、贝壳粉2.5%、食盐0.3%、硫酸钠（芒硝）0.5%、沙粒1.0%、复合预混料0.2%。

4. 产蛋鹅精饲料配方

（1）玉米60.69%、构树粉11.0%、豆粕8%、棉粕5%、菜籽粕5%、饲料酵母2%、石粉3.5%、磷酸氢钙4.4%、碘化食盐0.4%、硫酸钠0.5%复合预混料0.2%。

（2）玉米56.0%、构树粉10%、麸皮12.5%、豆粕10.0%、鱼粉5.0%、贝壳粉4.5%、食盐0.3%、硫酸钠（芒硝）0.5%、沙粒1.0%、复合预混料0.2%。

5. 种鹅精饲料配方

（1）玉米62.0%、构树粉12.4%、豆粕9%、菜籽粕8%、石粉3.5%、磷酸氢钙4%、碘化食盐0.4%、硫酸钠0.5%、复合预混料0.2%。

（2）玉米50.0%、构树粉13.8%、豆粕18.0%、鱼粉4.0%、奶粉2.0%、骨粉2.0%、石粉7.5%、磷酸氢钙1.5%、食盐0.5%、硫酸钠0.5%、复合预混料0.2%。

注明：

①1kg鹅用复合预混料由硫酸亚铁110g、硫酸锌65g、硫酸锰75g、硫酸铜15g、碘化钾0.12g、亚硒酸钠0.18g、氯苯胍7.5g、禽用多维100g、紫月优生素100g、沸石（或麸皮）527.2g预混合而成。在100kg精料中用复合预混料0.2%，即为在100kg精料中用200g鹅用复合预混料。

②在精料中使用的食盐为碘化食盐，则在复合预混料中不重复用碘化钾。

③生长鹅和种鹅每天饲喂精料400g，构树青贮（或鲜嫩枝叶）1 200g，其他青草1 200g；育肥鹅和产蛋鹅每天饲喂精饲料500g，构树青贮（或鲜嫩枝叶）500g，其他青草1 500g。

五、鹅的青粗饲料饲喂量及其方法

1. 适时开食

开食应在第一次饮水后即应开食，鹅在出壳后24h左右即可站立，此时就是开食的时机。先青后精，青饲料应选择新鲜、多汁易消化的幼嫩叶片，去除叶脉茎秆，并切成1~2mm宽的细丝状，摊放在手掌上，并送到嘴边引诱采食；精饲料粉碎粒度要细，浸泡 1h 后沥干放入饲料盆中，青、精饲料可以混合。第一次不求吃饱，过 2h 再用相同方法调饲喂，反复几次便可自己采食了。第 2~3 天后即可改用饲槽。需要注意的是，青饲料要新鲜，切碎时不能挤掉叶汁，也不能粘油脂。

2. 雏鹅的饲喂

出壳 10d 内，用雏鹅开食料配方与构树等青绿饲料混合饲喂。其方法是：先饮水后喂料，定时定量，少食多餐，防止暴食。一般白天饲喂 6 次，晚上加喂 2 次，每 3h 喂 1 次。精青饲料比例为 1∶2，以后每天增加青料比例 0.25，即 1∶1.25、1∶1.50、1∶1.75、1∶2.00、1∶2.25、1∶2.50、1∶2.75、1∶3.00、1∶3.25、1∶3.50、1∶3.75、1∶4.00。

3. 补饲沙粒

雏鹅第 4 天开始，在饲料中掺 1~1.5mm 沙粒，比例为 1%，10 日龄后，应加大粒径为 2.5~3mm。每周可加喂 5g 左右，也可在饲槽旁放 1 沙粒槽，让其自由采用。鹅的推荐配方中由含饲料和不含饲料两组配方，舍饲的宜采用食沙粒的，放牧的宜采用不含沙粒的，因为放牧的鹅在需要时，可自由采食沙粒。

4. 仔鹅

又称生长鹅、青年鹅和育成鹅，是指 4 周龄至 70 日龄的鹅，留作种用的称为后备鹅，不能作种用的转入育肥鹅群。4 周龄后，鹅的消化道容积增大，消化能力、适应力和抵抗力大大提高，并能大量利用构树等青绿饲料。此阶段应以构树等青饲料为主，适当给予补饲精饲料。在条件可能的情况下，尽量进行放牧饲养。放牧地最好具备草场、水源、遮阴条件和道路平坦。

（1）放牧。上午、下午各 1 次、中午休息 2h；天热时上午早出早归、下午晚出晚归，中午休息可回鹅舍，也可在遮阴处。天冷时，上午晚出晚归，下午早出早归。

（2）分群。根据地势，分为 300 只、500 只或 1 000 只以地势开阔度决定鹅群的大小，300 只 1 人放养、500 只 2 人放养、1 000 只 3 人放养。

（3）注意事项

第一，防暴晒。夏天 11：00~14：00 防雷雨防太阳暴晒。

第二，防惊群。防止人为、汽车和其他动物惊吓鹅群。

第三，防跑伤。注意驱赶速度。

第四，防中毒。对周围放牧场要了解仔细，对施用农药的牧草要经过大雨淋洗后方可放牧，且需在施农药的 1 周以后。

第五，补饲。尽可能少补饲或不补饲，以降低饲料成本。补饲以 1∶4 的比例拌入青饲料中饲喂。

（4）舍饲。以精、青饲料 1∶4 的比例，每天饲喂 6 次，保证充足的饮水，要适量运动，注意定期消毒鹅舍及其饲槽、饮水槽，形成固定的管理模式，减少应激反应。

5. 肥育鹅

（1）分群、消毒、驱虫。70 日龄时，除选育种鹅外，其余作为肥育鹅，进行大小强弱分群，一般分为强、中、弱三群，并用 0.5% 的高锰酸钾溶液进行脚部消毒，并用驱虫净按 40～50mg/kg 体重均匀混入饲料中 1 次服用；或驱蛔灵按 250～300mg/kg 体重均匀混入饲料中 1 次服用；或吡喹酮 100mg/kg 体重，混入饲料中 1 次服用。

（2）育肥方法

第一，放牧补饲。白天放牧，傍晚和夜间各补 1 次全价粉料或精饲料，充足饮水。

第二，舍饲。5～6 只/m²，饲喂 5～6 次，限制运动，精饲料、块根块茎类和优质青饲料拌喂，保证清洁饮水，饲喂半月左右即可出栏。

6. 后备鹅

（1）前期。在 70 日龄时选出的种鹅为后备鹅，70～100 日龄为前期，刚选出的后备鹅，仍需较高的营养水平，如放牧饲养，只能逐渐减少补饲次数，以使顺利进入限制饲养阶段。如舍饲，则要求青饲料充足，每天 3 次，定时定量饲喂精饲料 70%、青饲料 20%、粗饲料 10%。

（2）中期。100～120 日龄至产前 50～60d。

限食分两个阶段：前期约 30d，逐渐降低饲料营养，由每日饲喂 3 次改为 2 次，尽量增加构树等青饲料喂量和放牧时间，逐渐减少每次的精饲料喂量。后备母鹅控制阶段的日平均精饲料用量比生长阶段减少 50%～60%。饲料中可增大构树草粉的比例，以促进食道容量，锻炼消化能力，经前期 30d 的控料饲草，后备种鹅的体重比控料前下降约 15%，羽毛光泽度减退，但外表体态无明显变化，采食青饲料量大幅增加。如无其他异常现象，后备母鹅完全采食构树等混合青饲料，不喂或少量补饲精饲料。夏天炎热，可在中午补饲 1 次精饲料。后备公鹅与母鹅应分群饲养，为了保持公鹅的配种能力，采取补饲两次。

（3）后期。种鹅在开产前 50 ~ 60d 进入恢复饲养阶段，每天早晚应补饲 1 次精饲料，同时采食充足的青饲料，一般经过 20d 左右，后备母鹅即可恢复到控制饲喂前的体质水平。此时，改为早、中、晚各补饲 1 次，青饲料充足饲喂。随后，增加精饲料用量，让其自由采食，使体态达到临产状态。而后备公鹅应比母鹅提早 2 周进入恢复期，每天饲喂精饲料 3 次，使其早日恢复体况。

六、鹅的疾病防治

1. 预防接种

对小鹅瘟、鹅副黏病毒病、禽流感、新型病毒性肠炎、鹅瘟病、鹅大肠杆菌病，禽出血性败血病等传染性疾病，要向当地牧畜兽医部门联系注射相对应的疫苗对禽副伤寒小鹅流行性感冒，曲霉菌病和鹅口疮第传染病和所有传染性疾病。均要采取定期喷洒药液消毒杀菌，或熏蒸杀菌。

2. 对寄生虫病要定期驱虫

例如对球虫病则应该采用药物预防。

第七节　构树饲料在鸡养殖中的应用

经过发酵处理的构树叶粗纤维含量均有不同程度的下降，其中发酵物组发酵的构树叶粗纤维含量比未发酵组下降了 11.58%，粗蛋白含量比对照组提高 39%。日粮中添加 5% 构树叶饲喂肉鸡无毒性作用。张益民选用 10 月下旬一年生构树叶片，以酵母和曲霉作为发酵菌种，经过发酵处理 9 天时间后的构树叶粗蛋白增加了 35.7%，粗纤维含量降低了 15.3%。

根据试验结果表明，构树经过合理发酵后，不但提高了构树叶的营养价值，而且提高了饲喂效果。但试验结果也证明，鸡对粗纤维的消化利用率不高，在日粮中添加的比例不宜过高，以 5% 左右为宜。

第**九**章
构树饲喂畜禽的品质及其效益估算

第一节　构树饲料对提高畜禽产品品质的评估

一、畜禽产品中抗生素和农药

　　构树属桑科类植物，含有植物甾醇、异槲皮苷、紫云英素等多种天然活性物质及其衍生物，能提高畜禽的免疫力和抗病力，避免了抗生素的过度添加，如在整个饲养阶段，如与鲜嫩紫苏茎叶按3:1的比例，即按不同家畜家禽日饲喂青饲料量的3份鲜嫩构树枝叶，1份鲜嫩紫苏茎叶鲜喂或混合青贮与相应的精料长期混合饲喂，能有效防止由沙门氏杆菌、金黄色葡萄球菌、化脓链球菌、大肠杆菌、假结核棒状杆菌等引发的疾病和禽流感。

　　构树在生长过程中，每当达到郁闭或封垄，即开始刈割和采收。这项工作在收获的同时，也起到了切断或铲除病虫害发生源头和滋生场所的作用，从而极大地降低病虫害的发生几率，避免了农药的过度使用，使农药的危害程度降低到最低。

　　在构树生长阶段进行叶面施肥时，建议施用安全高效的生物制剂，如植物基因活化剂，它能提高构树鲜嫩枝叶粗蛋白和可溶性糖0.5%，且具有降解杀虫剂等农药的残留的功效。

二、畜禽产品中的粗脂肪、胆固醇和钙含量

　　构树中含有丰富的常量和微量元素及丰富的维生素，氨基酸种类丰富且均衡，其中叶片干物质中粗蛋白质含量达24.2%，是优良的蛋白质来源。若进行合理密植，在苗高1.5m以下刈割，其鲜嫩枝叶中粗蛋白含量达6.15%，折合干物质粗蛋白含量可高达21%。在日粮中按不同家畜家禽青绿饲料饲喂量的50%长期饲喂，能显著改善肉、蛋、奶、鱼的品质。据浙

· 155 ·

江、四川等企业用构树发酵饲料、玉米和豆粕、菜籽粕饲喂的生猪，其肉质品质的检测结果显示：猪肉粗脂肪含量仅 9.1%，比普通猪肉的粗脂肪含量低糖 5 ~ 6 倍；胆固醇含量仅 46mg/kg，比普通猪肉低 1/3；钙含量达 61.9mg/kg，比猪肉高 40%，且未检测出重金属等有害物质、完全达到有机生态猪标准。

三、畜禽产品的检测结果

下面是农业部农产品及转基因产品质量安全监督检验测试中心（2014年）对用构树饲喂生猪的品质作出的检测结果。样品为构树饲喂的猪肉，样品编号为 2014 - W - 1321，检测结果如表 9 - 1 所示。

表 9 - 1　构树饲喂猪肉的品质测定

检测项目	检测值	检测方法
水分（%）	69.9	GB/T 9695.15 ~ 2008
磷（%）	0.24	GB/T 5009.87 ~ 2003
粗蛋白（%）	19.5	GB/T 5009.5 ~ 2010
粗脂肪（%）	9.1	GB/T 9695.7 ~ 2008
粗石灰（%）	1.08	GB/T 9695.18 ~ 2008
胆固醇（mg/100g）	46.0	GB/T5009.128 ~ 2003
维生素 B_1（mg/100）	0.04	GB/T 9695.27 ~ 2008
维生素 B_2（mg/100g）	0.03	GB/T 9695.28 ~ 2008
钙（mg/kg）	61.9	GB/T 9695.13 ~ 2009
铁（mg/kg）	12.7	GB/T 9695.3 ~ 2009
锌（mg/kg）	32.0	GB/T 9695.20 ~ 2008
硒（mg/kg）	0.16	GB/T 5009.93 ~ 2010
汞（mg/kg）	未检出	GB/T 5009.17 ~ 2003
砷（mg/kg）	未检出	GB/T 5009.11 ~ 2003
铅（mg/kg）	未检出	GB /T 5009.12 ~ 2010
镉（mg/kg）	未检出	GB/T 5009.15 ~ 2003
铬（mg/kg）	未检出	GB/T 5009.123 ~ 2003
盐酸克伦特罗（μg/kg）	未检出	农业部 1025 号公告 - 18 - 2008
备注	1. 汞检出限：0.00015mg/kg 2. 砷检出限：0.01mg/kg 3. 铅检出限：0.005mg/kg 4. 镉、铬检出限：0.0001mg/kg 5. 盐酸克伦特检出限：0.5μg/kg	

第二节　构树饲养效益估算

一、种植构树的产量估算

根据浙江省、四川省、山西省的一些企业多年种植构树的测产结果，在合理的密植条件下，第一年可收割鲜嫩枝叶在 2 000～5 000kg/亩，第二年在 8 000～10 000kg/亩，第三年以后进入产量的稳定期，产量可达 10 000～12 000kg/亩。

二、种植构树的养殖效益估算

1. 养牛的效益估算

在补饲 1～2 次/d 精料、秸秆和胡萝卜 1～3kg 的条件下，种植 1 亩地构树第 1 年可供 2 头肉牛或 1 头奶牛饲用；第 2 年及以后可供 4 头肉牛或 2 头奶牛饲用。

2. 养羊的效益估算

在补饲 1 次/d 精料和放牧的条件下，种植 1 亩地构树可供 15 只山羊或 8 只绵羊饲用；第二年及以后可供 30 只山羊或 15 只绵羊饲用。

3. 养兔的效益估算

在舍饲补饲 2 次/d 精料和其他青绿饲料的条件下，种植 1 亩地构树可供 15 只种兔和 500 商品兔饲用；第二年可供 30 只种兔和 1 000 只商品兔饲用。

4. 养鹅的效益估算

在放牧并补饲 1 次/d 精料的条件下，第 1 年可供 100 只鹅饲用；第 2 年可供 200 只鹅饲用。

参 考 文 献

REFERENCES

1. 曹宁贤. 肉牛饲料与饲养新技术［M］. 北京：中国农业科学技术出版社，2008.

2. 陈惠敏. 构树纤维理化性能初探［J］. 北京纺织，1999（20）：35－36.

3. 陈随清. 构树叶对大鼠前列腺炎模型的影响［J］. 中药药理与临床，2006（22）：110－111.

4. 戴新民. 楮实对小鼠学习和记忆的促进作用［J］. 中药药理与临床，1997（13）：27－29.

5. 刁其玉，屠焰，陈群. 农作物秸秆养牛手册［M］. 北京：化学工业出版社，2013.

6. 邓华平. 林木容器育苗技术［M］. 北京：中国农业出版社，2008.

7. 丁菲，杨帆，李德龙，杜天真. 构树解剖结构特征与抗旱性研究［J］. 安徽农业科学，2010（38）：20 949－20 952.

8. 丁强. 盐碱地绿化优秀树种——构树引种试验［J］. 现代园艺，2012（2）：4.

9. 范卫红. 构树 *DREB* 基因克隆及其功能研究［D］. 北京：中国科学院研究生院，2009.

10. 方栋龙. 苗木生产技术［M］. 北京：高等教育出版社，2005.

11. 高光民. 中、小型苗圃林木育苗实用技术［M］. 北京：中国林业出版社，2002.

12. 何瑞萍. 杂交构树 *BpWOX* 转录因子基因克隆及其特性分析［D］. 北京：中国科学院大学，2015.

13. 黄宝康，秦路平，郑汉臣，张巧艳. 中药楮实子及其原植物的本草考证［J］. 中药材，2002（25）：356－358.

14. 黄华明. 水分胁迫对构树生理及形态的影响［J］. 安徽农学通报（半月刊），2010（16）：52－53.

15. 胡杰. 盐胁迫下杂交构树蛋白质组学研究［D］. 重庆：西南大学，2015.

16. 金国庆，周志春，胡红宝，余琳，王月生，洪桂木. 3 种乡土阔叶树种容器育苗技术研究［J］. 林业科学研究，2005（18）：387－392.

17. 康薇，鲍建国，郑进，邹涛，闵建华，杨裕启．湖北铜绿山古铜矿遗址区木本植物对重金属富集能力的分析［J］．植物资源与环境学报，2014（23）：78－84.

18. 赖晓莲，郭圣茂，殳颖婷，杜天真．构树光合速率日变化及其影响因子的研究［J］．安徽农业科学，2010（38）：12 044－12 046.

19. 雷增普．中国花卉病虫害诊治图谱［M］．北京：中国城市出版社，2006.

20. 李华西．构树及其开发利用［J］．河北林业，2007（1）：36－37.

21. 李军．轻松学养奶牛［M］．北京：中国农业科学技术出版社，2014.

22. 李绍钰．奶牛标准化生态养殖关键技术［M］．郑州：中原农民出版社，2014.

23. 李艳芝，李茜，王彦超，侯海锋，史万玉，钟秀会，郑长山．构树叶对蛋鸡生产性能及蛋品质的影响［J］．中国家禽，2010（32）：26－29.

24. 林文群，刘剑秋．构树种子化学成分研究［J］．亚热带植物科学，2000（29）：20－23.

25. 刘滨．穴盘苗生产原理与技术［M］．北京：化学工业出版社，2007.

26. 刘虹，王阳，廖一颖．构树花部结构与传粉机制［J］．中南民族大学学报（自然科学版），2009（28）：31－34.

27. 刘天蓉．日本和纸技术申报世界非物质文化遗产成功［J］．纸和造纸，2014（33）：73.

28. 刘志远，范卫红，沈世华．构树 SRAP 分子标记［J］．林业科学，2009（45）：54－58.

29. 龙李文．深山里的"活化石"——记鹤庆白族民间手工造纸［G］．云南档案，2012：22－24.

30. 芦文娟，周文美，曾艳，陈才，赵晓燕，陈龙芳，周丽娜．构树雄花序一般营养成分的测定［J］．贵州大学学报（自然科学版），2010（27）：86－87.

31. 毛春英．园林植物栽培技术［M］．北京：中国林业出版社，1998.

32. 米允政．构树叶是喂猪的一种好饲料［J］．畜牧与兽医，1958（5）：257.

33. 秦路平，杨庆柱，辛海量．构树的本草考证及其药用价值［J］．药学实践杂志，1999（17）：254－255.

34. 孙华．二氧化硫胁迫对园林植物生长和叶片含硫量的影响［J］．山东农业大学学报（自然科学版），2015（46）：4.

35. 孙华，李海军，彭先文，吴伯希，李才元，王文华，梅书棋．构树叶粉饲用价值的初步评价［J］．安徽农业科学，2011（39）：168－172.

36. 孙静文．构树 *DREB* 转录因子及木质素合成代谢相关基因的克隆及功能分析［D］．中国科学院研究生院，2006.

37. 孙时轩．林木种苗手册（上、下册）［M］．北京：中国林业出版社，2004.

38. 孙悦，李昕，毛俏婷，彭越，王燕，何旭雯．济南市常见乔木滞尘能力研究［J］．

山东林业科技，2015（216）：22 – 25.

39. 滕林宏. 杂交构树低温响应转录组学与蛋白质组学研究［D］. 北京：中国科学院大学，2014.

40. 田波. 中国饲料产业发展现状与市场整合及政策建议［J］. 农业现代化研究，2014（35）：20 – 24.

41. 童方平，龙应忠，杨勿享，李贵，石文峰，易霭琴. 锑矿区构树富集重金属的特性研究［J］. 中国农学通报，2010（26）：328 – 331.

42. 屠焰，刁其玉，张蓉，闫贵龙，熊伟. 杂交构树叶的饲用营养价值分析［J］. 草业科学，2009（26）：136 – 139.

43. 王春莹. 构树栽培管理［J］. 中国花卉园艺，2015（3）：54 – 55.

44. 王定胜，黄建庭，乔其川，张永忠. 光叶楮树叶青贮饲料生产技术研究初报［J］. 江苏林业科技，2009（36）：34 – 35.

45. 王凤英，张闯令，张文卓. 黄色叶构树的选育及应用［J］. 农业科技通讯，2011（5）：191 – 193.

46. 王家祥. 工矿企业绿化优选构树［G］. 国土绿化，2009：51.

47. 王金山，刘金升，彭献军，倪正云，王广军，沈世华. 杂交构树在滨海盐碱地生态绿化中的应用［J］. 天津农业科学，2014（20）：95 – 101.

48. 王珊子. 新型构树中国纸浆原料的生力军［J］. 绿色中国，2005：72 – 73.

49. 王小曼. PEG 沉淀方法在去除构树叶片高丰度蛋白 RuBisCO 中的应用［D］. 北京：中国科学院大学，2014.

50. 王愈程. 杂交构树 *BpWOX* 转录因子基因表达模式分析［D］. 北京：中国科学院大学，2015.

51. 王玉琴，吴秋钰，李元晓. 种草养羊实用技术［M］. 北京：化学工业出版社，2015.

52. 魏刚才，杨文平. 种草养兔手册［M］. 北京：化学工业出版社，2012.

53. 魏刚才，杨文平. 种草养鹅手册［M］. 北京：化学工业出版社，2014.

54. 乌丽雅斯，刘勇，李瑞生，李志丹，陈彩霞. 容器育苗质量调控技术研究评述［J］. 世界林业研究，2004（17）：9 – 13.

55. 吴健平，卢雪芬，夏中生，唐慧芬，谭聪灵，邹优敬，李兴芳，唐亮. 饲粮中使用构树叶粉饲喂良凤花肉鸡的效果［J］. 畜牧与兽医，2010（6）：51 – 55.

56. 夏中生，何国英，廖志超，黄所含，唐亮，刘丹，周虹. 构树叶粉用作生长肥育猪饲料的营养价值评价［J］. 粮食与饲料工业，2008（8）：37 – 38.

57. 熊罗英，蔡仁贤，刘艳芬. 发酵构树叶对肉仔鸡生长及代谢性能的影响［J］. 饲料研究，2012（4）：51 – 54.

58. 熊燕飞. 构树黄酮对小鼠学习记忆的影响［J］. 天然产物研究与开发，2012（24）：747 – 753.

59. 徐斌芬，章银柯，包志毅，黎念林．园林苗木容器栽培中的基质选择研究［J］．现代化农业，2007（1）：10 – 13.

60. 徐静平，徐振华等．8 种屋顶绿化木本植物的耐热比较［J］．中国农学通报，2011（27）：1 – 5.

61. 徐小花，钱士辉，卞美广，谢宁，杨念云，段金廒．构树叶的化学成分［J］．中国天然药物，2007（5）：190 – 192.

62. 杨鹏，吴常红，孙建昌，杨春华，伍民凯，杨汉远．构树开花结实特性与鲜果产量调查［J］．贵州林业科技，2010（38）：24 – 27.

63. 于明，刘素杰，程波，曲强．构树叶的营养成分分析及与刺槐树叶的营养比较［J］．辽宁农业职业技术学院学报，2012（14）：15 – 16.

64. 翟斌生．构树饲料林营建技术［J］．安徽林业，2008（1）：40.

65. 张振彦．速生丰产树种——杂交构树经济价值分析［J］．现代农村科技，2011（2）：49.

66. 张连生．中国北方园林植物常见病虫害防治手册［M］．北京：中国林业出版社，2007.

67. 赵天榜．构树 1 ~ 2 龄材纤维形态初步研究［J］．河南林业科技，1994（45）：28 – 30.

68. 郑汉臣，黄宝康，秦路平，张巧艳．构树属植物的分布及其生物学特性［J］．中国野生植物资源，2002（21）：11 – 13.

69. 中国林学会．林木育苗技术［M］．北京：中国林业出版社，1983.

70. 中国树木志编委会．中国主要树种造林技术［M］．北京：中国林业出版社，1993.

71. 周峰．构树叶、花序及果实的氨基酸分析［J］．药学实践杂志，2005（23）：154 – 156.

72. 周耀华，喻国华．抗污染的 11 种绿化树［J］．农村新技术，1998（11）：15 – 16.

73. 周宇．发挥杂交构树综合效益促进杂交构树产业发展——访北京万富春森林资源有限公司总裁曹川［G］．绿色中国，2007：36 – 41.

74. 朱开梅，刘建楠，顾生玖，赵磊．构树药用活性化学成分及药理临床应用研究进展［J］．中国实验方剂学杂志，2011（17）：198 – 201.

75. Peng Xianjun, Wu Qingqing, Teng Linhong, Tang Feng, Pi Zhi, Shen Shihua. Transcriptional regulation of the paper mulberry under cold stress as revealed by a comprehensive analysis of transcription factors［J］. BMC Plant Biology，2015（15）：108.

76. Peng Xianjun, Wang Yucheng, He Ruiping, Zhao Meiling andShen Shihua. Global transcriptomics identification and analysis of transcriptional factors indifferent tissues of the paper mulberry［J］. BMC Plant Biology，2014（14）：194.

77. PengXianjun, Teng Linhong, Wang Xiaoman, Wang Yucheng, Shen Shihua. *De novo* assembly of expressed transcripts and global transcriptomics analysis of seedling in paper mulberry (*Broussonetia kazinoki* × *Broussonetia papyifera*) [J] . PLoS One, 2014 (9): 97 487.

78. Sun Jingwen, Peng Xianjun, Fan Weihong, Tang Mingjuan, Liu Jie, Shen Shihua. Functional analysis of *BpDREB2* gene involved in salt and drought response from a woody plant *Broussonetia papyrifera* [J] . Gene, 2014 (535): 140 – 149.